普通高等教育"十三五"规划教材

控 制 工 程 基 础

主　编　杨秀萍
副主编　杨　璐　王收军
参　编　刘　凉　向红标　刘　军

机 械 工 业 出 版 社

本书详细介绍了经典控制理论中控制系统分析与综合的基本概念和基本原理，内容包括：系统数学模型的建立、时域和频域分析、稳定性分析、系统的综合与校正、典型控制系统分析与设计实例以及 MATLAB 在控制工程中的应用。

本书符合党的二十大报告中关于"深入实施科教兴国战略、人才强国战略、创新驱动发展战略"的要求，在详细讲授基础理论知识的同时融入探索性实践内容，以增强学生的自信心和创造力，即用学科理论知识促进学生活跃思维、敢于创新，尽可能地将新思路在实践中进行创造性的转化，推动科学技术实现创新性发展。

本书总结了编者三十多年的教学经验，并参考国内外教材特点，精选内容，强调工程应用，将基本概念和基本理论与工程实例相结合，每章都包含了机械、液压、电气等控制系统的例题，适应面广，并专辟一章介绍控制理论在工程应用中的成功实例，采用 MATLAB 和 Simulink 等现代工具分析和设计系统。部分章节附有习题，并可提供部分习题的参考答案。为了便于教学，本书配有多媒体电子课件、教学大纲等教学资料，可到机械工业出版社教育服务网（www.cmpedu.com）以教师身份注册后，查询、下载。

本书可作为机械电子工程、机械工程、机电一体化、过程装备与控制、动力工程、材料成形及控制工程、冶金工程、农业机械化及其自动化等相关专业的本科生课堂教学、课程设计和毕业设计的教材，也可供研究生以及相关工程技术人员参考。

图书在版编目（CIP）数据

控制工程基础/杨秀萍主编. —北京：机械工业出版社，2019.12
（2024.7重印）
普通高等教育"十三五"规划教材
ISBN 978-7-111-64199-5

Ⅰ.①控… Ⅱ.①杨… Ⅲ.①自动控制理论-高等学校-教材
Ⅳ.①TP13

中国版本图书馆 CIP 数据核字（2019）第 263102 号

机械工业出版社（北京市百万庄大街22号　邮政编码100037）
策划编辑：余　皞　责任编辑：余　皞　王　良
责任校对：郑　婕　封面设计：张　静
责任印制：单爱军
北京虎彩文化传播有限公司印刷
2024 年 7 月第 1 版第 6 次印刷
184mm×260mm·11 印张·271 千字
标准书号：ISBN 978-7-111-64199-5
定价：29.80 元

电话服务　　　　　　　　　　网络服务
客服电话：010-88361066　　　机　工　官　网：www.cmpbook.com
　　　　　010-88379833　　　机　工　官　博：weibo.com/cmp1952
　　　　　010-68326294　　　金　书　网：www.golden-book.com
封底无防伪标均为盗版　　机工教育服务网：www.cmpedu.com

前　言

随着现代科学和计算机技术的发展，工程控制论的原理和方法已广泛用于分析和解决工程控制领域的问题，控制工程基础已成为高等学校机械工程类专业的一门重要的学科基础课。

本教材作为一门重要的基础课程教材，结构紧凑，内容清晰，编写体系符合教学规律。在阐述基本概念和基本原理的基础上，增加例题和工程实例，并将现代设计工具 MATLAB 软件的应用贯穿于各章节和实例中，旨在培养学生的工程能力，为毕业后工作打下基础，满足应用型人才培养的需要。全书内容共分为 8 章，包括：绪论、系统的数学模型、系统的时域分析、系统的频域分析、系统的稳定性分析、系统的综合与校正、典型控制系统实例与分析、MATLAB 在控制工程中的应用。

本教材的编写广泛参考了国内外同类教材和相关文献，针对目前本科生的学习特点，并结合教学学时不断减少的要求，力图形成以下特点：

1. 突出工程应用。独立成章地专门介绍工程应用实例。详细讲解如何将工程问题抽象为数学模型和传递函数，如何利用控制理论知识分析系统的性能。实例涉及机械工程、液压控制系统和电气控制系统。

2. 以实用为宗旨，内容精炼，图文并茂，避免烦琐冗长的理论推导。

3. 引入和编写了大量例题、习题，便于自学。

4. 将计算机辅助设计与分析方法引入教材中，反映机电一体化新技术和新分析方法。

本教材由杨秀萍主编，杨璐、王收军为副主编。全书内容的编者分工为：第 1、3、5 章由杨秀萍编写；第 2 章由杨璐编写；第 4、7 章由杨秀萍、王收军、刘军编写；第 6 章由刘凉编写；第 8 章由向红标编写。电子课件由杨璐负责制作，全书由杨秀萍教授修改定稿。程晓敏、孙凤菊、戴腾达等同学为书稿的编辑和绘图工作提供了帮助，在此一并表示衷心感谢。

本教材可作为机械电子工程、机械工程、机电一体化、过程装备与控制、动力工程、材料成形及控制工程、冶金工程、农业机械化及其自动化等相关专业的本科生课堂教学、课程设计和毕业设计的教材，也可供研究生以及相关工程技术人员参考。

由于编者水平有限，书中难免有错误和疏漏，敬请读者不吝指正。

编　者

目　录

第 1 章

绪论

1.1 概　　述

1.1.1 控制论的发展

控制工程基础，也称控制理论基础，主要阐述的是自动控制技术的基础理论。自动控制，就是在没有人直接参与的情况下，利用控制器使生产过程或被控对象的某些物理量准确地按照预期的规律变化。自动控制技术在工业、农业、国防和科学技术的现代化中起着重要作用。自动控制技术的应用，不仅使生产过程实现了自动化，极大提高了生产效率，而且减轻了人们的劳动强度，同时使工作具有高度的准确性。

控制论的产生可追溯到 18 世纪，詹姆斯·瓦特为控制蒸汽机速度而设计的离心调节器，是自动控制领域的第一项重大成果。1948 年，美国数学家 N·维纳发表了著名的《控制论》，标志着控制论的正式建立。1954 年，我国科学家钱学森在美国运用控制论的思想和方法，首创了工程控制论，把控制论推广到工程技术领域，奠定了工程控制论这一技术科学的基础。

按照自动控制技术发展的不同阶段，控制理论分为经典控制理论和现代控制理论两部分。经典控制理论以传递函数为基础（以积分变换为数学工具），主要研究单输入、单输出的线性、定常系统的分析与设计问题。现代控制理论以状态空间法为基础（以矩阵变换为数学工具），主要研究多输入、多输出的非线性、时变系统的分析与设计问题。

1.1.2 工程控制论的研究对象与任务

工程控制论的研究对象是工程技术中广义系统的动力学问题，具体地讲，它研究的是系统及其输入、输出三者之间的动态关系，也就是研究工程中广义系统在一定的外界条件作用下，从系统的一定初始条件出发，所经历由内部的固有特性所决定的整个动态历程。例如，在数控技术中，调整到一定状态的数控机床就是系统，数控指令就是输入，数控机床的加工运动就是输出。这里系统是由相互联系、相互作用的若干部分构成且有一定运动规律的有机整体；输入是外界对系统的作用；输出是系统对外界的作用。控制工程所研究的系统可大可小、可简可繁，完全由研究的需要而定，因此称之为广义系统。

由此可见，就系统及输入、输出三者之间的动态关系而言，工程控制论的任务主要研究解决以下几个方面的问题：

1）系统分析：当系统已定，输入已知时，求出系统的输出（响应），并通过输出来研究系统本身的有关问题。

2）最优控制：当系统已定，输出也已给定时，要确定输入，使输出尽可能符合给定的最佳要求。

3）最优设计：当输入已知，输出也已给定时，要确定系统，使其输出尽可能符合给定的最佳要求。

4）滤波与预测：当系统已定，输出已知时，要识别输入或输入中的有关信息。

5）系统辨识：当输入与输出均已知时，求系统的结构与参数，即建立系统的数学模型。

本书主要是以经典控制理论来研究系统分析问题，同时也以适当篇幅来研究系统辨识问题。

1.2 控制系统的工作原理及组成

1.2.1 工作原理

在各种生产设备和生产过程中，常常需要使某些物理量（如温度、压力、速度等）保持恒定，或按照一定的规律变化，自动控制系统要对这些物理量及时调整和控制，以消除外界的干扰和影响。

下面以恒温控制系统为例，分析其控制过程。实现恒温控制有人工控制和自动控制两种方法。图 1.1 所示为人工控制的恒温箱。人工控制的任务是克服外界干扰（如电源电压波动和环境温度变化等），保持箱内温度恒定，以满足物体对温度的要求。人们可以通过调压器触头，改变加热电阻丝的电流，以达到控制温度的目的。箱内温度由温度计测量。人工调节过程可归纳如下：

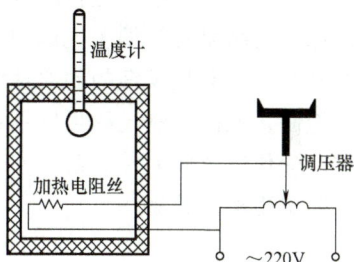

图 1.1　人工控制的恒温箱

（1）观察由测量元件（温度计）测出的恒温箱内的温度（被控制量）。

（2）将实际温度与给定的温度值（给定值）进行比较，得出偏差的大小和方向。

（3）根据偏差的大小和方向再进行控制：当恒温箱内温度高于所要求的给定温度值时，调整调压器将电流减小，使温度降到正常范围；若温度低于给定值，则调整调压器将电流增加，使温度升到正常范围。

因此，人工控制的过程就是测量、求偏差、再控制以纠正偏差的过程。简单地说就是"检测偏差再纠正偏差"的过程。

对于这种简单的控制形式，如果用一个控制器来代替人的职能，则人工控制系统就变成一个自动控制系统。

图 1.2 所示为恒温箱的自动控制系统。其中，恒温箱所需温度由电压信号 u_1 给定。当外界因素引起箱内温度变化时，作为测量元件的热电偶，把温度转换成对应的电压信号 u_2，并反馈回去与给定信号 u_1 相比较，所得结果即为温度的偏差信号 $\Delta u = u_1 - u_2$。经过电压、功率放大后，用以控制执行电动机的转速和方向，并通过传动装置移动调压器触头。当温度偏高时，触头向着减小电流的方向移动，反之向加大电流的方向移动，直到温度达到给定值为止，即只有在偏差信号 $\Delta u = 0$ 时，执行电动机才停转，这样就完成了所要求的控制任务。上述这些元件便组成了一个自动控制系统。

自动控制系统和人工控制系统非常相似。测量装置相当于人的眼睛，控制器类似于人脑，执行机构类似于人手。

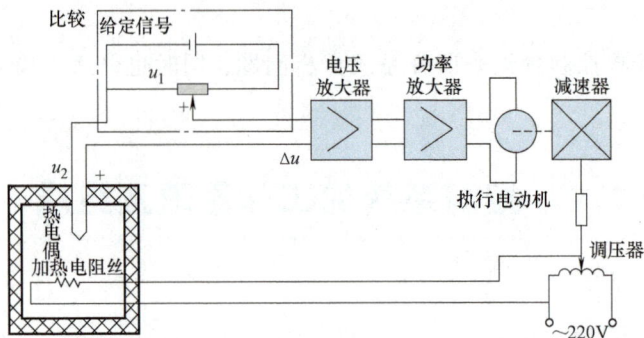

图 1.2　恒温箱的自动控制系统

通过上面的分析可以看出，不论是人工控制还是自动控制，它们有两个共同特点就是检测偏差，再用检测到的偏差去纠正偏差，因此，没有偏差就没有控制调节过程。在自动控制系统中，给定量称为控制系统的输入量，被控量称为系统的输出量。输出量的返回过程称为反馈，它表示输出量通过检测装置将信号的全部或一部分返回输入端，使之与输入量进行比较，比较的结果称为偏差。这种基于反馈基础上的"检测偏差再纠正偏差"的原理称为反馈控制原理。利用反馈控制原理组成的系统称为反馈控制系统。

控制系统的控制过程可以用系统功能图表示。图 1.3 所示为恒温箱温度自动控制系统功能图。⊗代表比较元件，箭头代表作用方向，每个方框代表一个环节，各环节的作用是单向的，输出受输入控制。

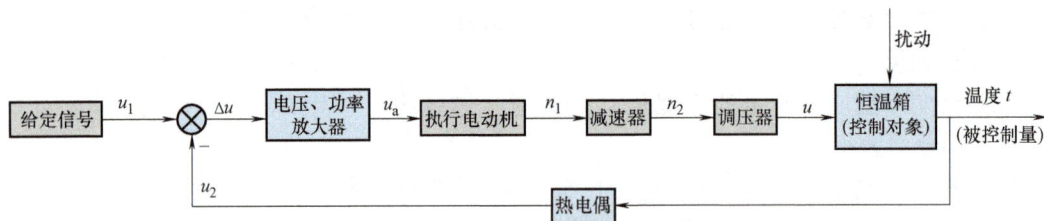

图 1.3　恒温箱温度自动控制系统功能图

1.2.2　开环控制和闭环控制

实际的控制系统，根据有无反馈作用可分为两类：开环控制系统和闭环控制系统。

1. 开环控制系统

如果控制器和被控制对象之间只有顺向作用而没有反向联系，即输出端和输入端之间不存在反馈回路，输出量对系统的控制作用没有影响，这样的控制系统称为开环控制系统。图 1.4 所示为数控机床进给系统，没有反馈通道，系统的输出量仅受输入量的控制。

开环控制系统结构简单，容易维护，无稳定性问题，在无干扰作用下，可达到较高的精度。但当系统存在扰动时，如果被控制的输出量偏离给定值时，它没有自动纠偏能力，因此系统精度降低。

2. 闭环控制系统

系统的输出端和输入端之间存在反馈回路，输出量对控制过程产生直接影响，这种系统称为闭环控制系统。闭环的作用就是利用反馈减少偏差。图 1.5 所示为闭环控制的数控机床

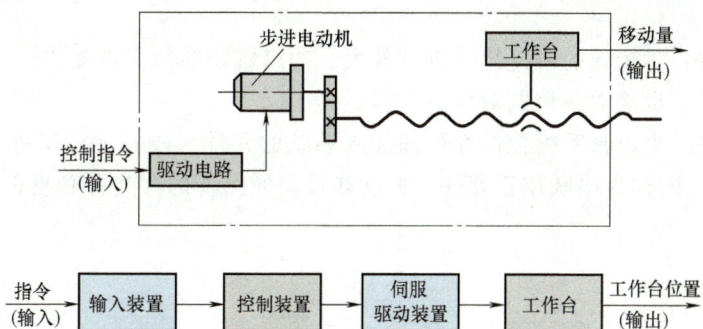
图1.4 数控机床的开环控制系统

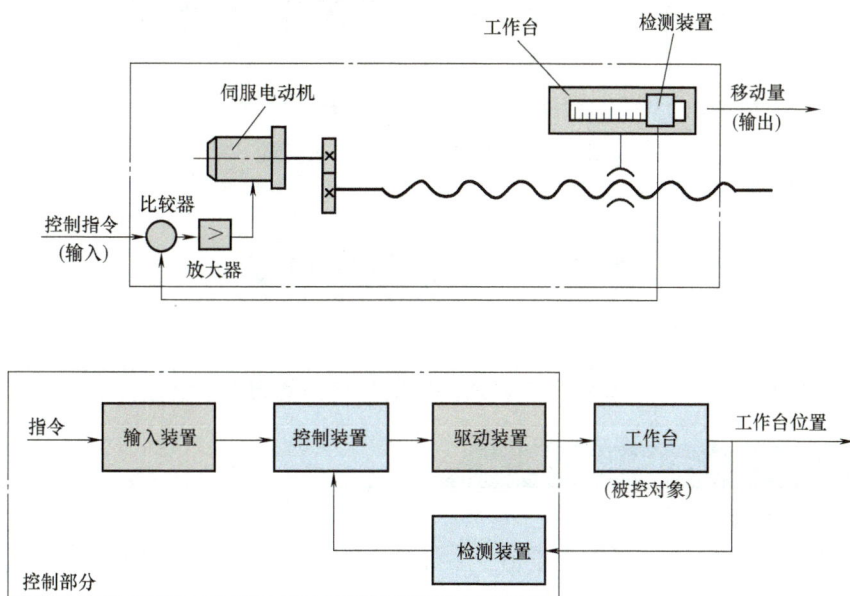
图1.5 闭环控制的数控机床进给系统

进给系统。

闭环控制系统的优点是控制精度高，当出现干扰，被控制量的实际值偏离给定值时，闭环控制系统就会作用以减小这一偏差。这类系统依靠偏差进行控制，在工作过程中系统总会存在偏差，由于元件的惯性，若参数配置不当，很容易引起振荡，使系统不稳定而无法工作。因此闭环控制系统中精度和稳定性之间总存在着矛盾，必须合理解决。

1.2.3 闭环控制系统的组成

图1.6所示为闭环控制系统组成功能图。由图可见，闭环控制系统一般由给定元件、反馈元件、比较元件、放大元件、执行元件及校正元件等组成。

1）给定元件：主要用于产生给定信号或输入信号。

2）反馈元件：检测输出量或被控量，产生主反馈信号。一般来说，主反馈信号多为电信号。

3）比较元件：用来接收输入信号和反馈信号并进行比较，输出反映两者差值的偏差信号。

4）放大元件：对较弱的偏差信号进行放大，用以驱动执行元件动作。

5）执行元件：直接对被控制对象进行操纵。

6）校正元件：为改善系统控制性能而加入系统的元件。校正元件又称校正装置。串联在系统前向通道上的称为串联校正元件，并联在反馈回路上的称为并联校正元件。

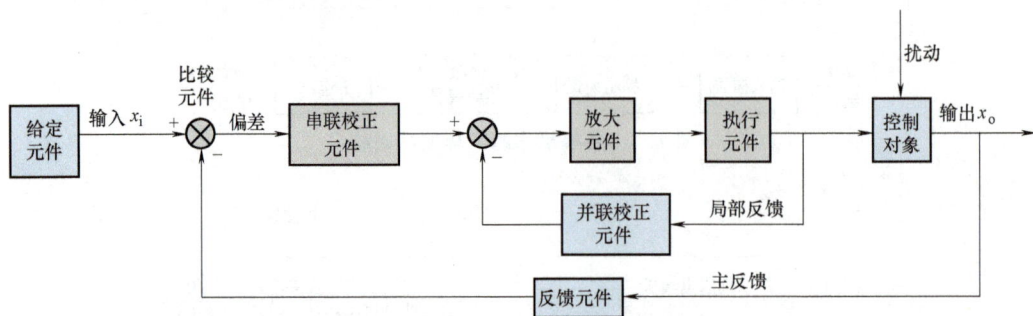

图 1.6　闭环控制系统组成功能图

1.3　控制系统的分类

控制系统的种类很多，在实际中可以从不同的角度对其进行分类。

1.3.1　按输入量的变化规律分类

1. 恒值控制系统

恒值控制系统的输入量是一个恒定值，一经给定，在运行过程中就不再改变（但可定期校准或更改输入量）。该系统的任务是保证在任何扰动信号的作用下，系统的输出量恒定不变。

工业生产中的温度、压力、流量、液面等参数的控制，以及某些原动机的速度控制和液压工作台的位置控制等均属于此类控制。

2. 程序控制系统

程序控制系统的输入量是按已知的规律变化的，将输入量按其变化规律编制成程序，由程序发出控制指令，系统按照控制指令的要求运动。

计算机绘图仪就是典型的程序控制系统。

3. 伺服系统

伺服系统又称随动系统。该系统输入量的变化规律是未知的，当输入量发生变化时，要求输出量能迅速、平稳、准确地复现控制信号的变化规律。

机械加工中的仿形机床和武器装备中的火炮自动瞄准系统等均属于伺服系统。

1.3.2　按系统中传递信号的性质分类

1. 连续控制系统

连续控制系统是指系统中各部分传递的信号都是连续时间变量的系统。连续控制系统又可分为线性系统和非线性系统。能用线性微分方程描述的系统称为线性系统，不能用线性微分方程描述和存在着非线性部件的系统称为非线性系统。

2. 离散控制系统

离散控制系统是指系统中某一处或几处的信号是以脉冲序列或数字量传递的系统。

由于连续控制系统和离散控制系统的信号形式有较大差别，因此在分析方法上有明显的不同。连续控制系统以微分方程来描述系统的运动状态，并用拉氏变换法求解微分方程；而离散控制系统则用差分方程来描述系统的运动状态，用 Z 变换法引出脉冲传递函数来研究系统的动态特性。

1.4　控制系统的基本要求

控制系统应用于不同场合，对系统性能的要求也不同。但从控制工程的角度来看，对控制系统却有相同的基本要求，一般可归纳为稳定性、准确性和快速性。

1. 稳定性

稳定性是保证控制系统正常工作的首要条件。因为控制系统中都包含储能元件，若系统参数匹配不当，就可能引起振荡。稳定性是指系统动态过程的振荡倾向及其恢复平衡状态的能力。

对于稳定的系统，当输出量偏离平衡状态时，应能随时间的增长收敛并回到初始平衡状态。

2. 准确性

准确性是指控制系统的控制精度，一般用稳态误差来衡量。稳态误差是指以一定变化的输入信号作用于系统后，当调整过程结束而趋于稳定时，输出量的实际值与期望值之间的误差值。

3. 快速性

快速性是指当系统的输出量和输入量产生偏差时，系统消除这种偏差的快慢程度。快速性是在系统稳定的前提下提出的，是衡量控制系统动态性能的一个重要指标。

对于同一个系统，稳定性、准确性、快速性三者是相互制约的。提高快速性，可能会引起强烈的振荡，降低了系统的稳定性；改善了稳定性，控制过程又可能过于迟缓，甚至精度都会变差。如何分析和解决这些矛盾，正是本课程要讨论和学习的重要内容。

习　　题

1.1　工程控制论的研究对象与任务是什么？

1.2　什么是反馈？闭环控制系统的工作原理是什么？

1.3　什么是开环控制系统？什么是闭环控制系统？

1.4　通过实际应用例子，说明开环控制系统和闭环控制系统的原理、特点及适应范围。

1.5　闭环控制系统由哪些元件组成？它们的作用是什么？

1.6　对控制系统的基本要求是什么？

科学家精神

"两弹一星" 功勋科学家：
最长的一天

第 2 章

系统的数学模型

2.1 概　述

2.1.1 数学模型的基本概念

为了从理论上对控制系统进行性能分析，首先需要建立系统的数学模型。数学模型是描述系统输入量、输出量以及系统内部各变量之间关系的数学表达式，它揭示了系统结构及其参数与动态性能之间的内在关系。建立数学模型是分析控制系统的基础，也是综合设计控制系统的依据。

建立合理的数学模型，对于系统的分析研究至关重要。一般应根据系统本身的实际结构参数及计算所要求的精度，略去一些次要因素，使模型既能准确地反映系统的动态性能，又能简化分析计算工作。

系统数学模型建立的方法一般采用解析法或实验法。解析法是根据系统及各变量之间所遵循的物理定律，推导出变量间的数学表达式，从而建立数学模型。例如，电路中的基尔霍夫定律，力学中的牛顿定律，热力学中的热力学定律以及能量守恒定律等。实验法是根据系统对某些典型信号输入的响应或其他实验数据建立数学模型。这种方法称为系统辨识，适用于较复杂的系统。

系统数学模型有多种形式，这取决于变量和坐标系统的选择。在时域，通常采用微分方程、差分方程和状态方程形式；在频域采用频率特性形式；在复域则采用传递函数形式。本章将讨论微分方程、传递函数等数学模型的建立和应用。

2.1.2 线性系统和非线性系统

当系统的数学模型能用线性微分方程来描述时，该系统称为线性系统，反之，称为非线性系统。

例如，一般控制系统的微分方程为

$$a_n x_o^n(t) + a_{n-1} x_o^{n-1}(t) + \cdots + a_1 x_o'(t) + a_0 x_o(t)$$
$$= b_m x_i^m(t) + b_{m-1} x_i^{m-1}(t) + \cdots + b_1 x_i'(t) + b_0 x_i(t)$$

若 a_i、b_j 为常数，则该系统为线性定常系统；若 a_i、b_j 随时间变化，该系统为线性时变系统；若 a_i、b_j 为 $x_o(t)$、$x_i(t)$ 或它们导数的函数，则该系统为非线性系统。

系统线性或非线性特性由系统本身固有特性决定。本课程只讨论线性定常系统。

线性系统最重要的特性是满足叠加原理。即当有几个输入量同时作用于系统时，其输出量为各输入量单独作用于系统时产生的输出量之和。

2.2 系统的微分方程

经典控制理论所采用的数学模型主要以传递函数为基础，而现代控制理论采用的数学模型主要以状态方程为基础。以物理定律及实验规律为依据的微分方程是最基本的数学模型，又是列写传递函数和状态方程的基础。

2.2.1 系统微分方程的列写

系统按其属性可以分为机械系统、电气系统、液压系统、气动系统和热力系统等。下面以机械系统和电气系统为例来说明建立微分方程的方法和步骤。

1. 机械系统的微分方程

机械系统所遵循的基本定律是牛顿第二定律，通过牛顿第二定律可以将机械系统中的运动（位移、速度和加速度）与力联系起来，从而建立机械系统的微分方程。在机械系统中，具有较大惯性和刚度的部件可以忽略弹性，将其视为质量块；惯性较小、柔性较大的部件可以忽略惯性，将其视为无质量的弹簧。因此，任何机械系统只要通过一定的简化，都可以抽象为质量-弹簧-阻尼系统。

例 2.1 机械移动系统如图 2.1a 所示。外力 $f(t)$ 为系统输入量，物体 M 的位移 $x(t)$ 为输出量，k 为弹簧刚度、m 为移动物体 M 的质量、c 为阻尼系数。试列写该系统的微分方程。

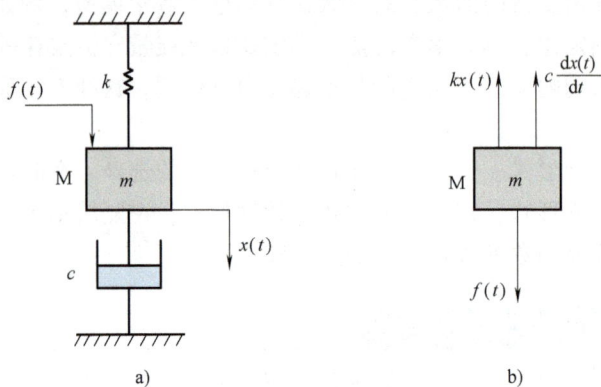

图 2.1　机械移动系统

解：对物体 M 进行受力分析，如图 2.1b 所示。

根据牛顿第二定律，得

$$f(t) - kx(t) - c\frac{\mathrm{d}x(t)}{\mathrm{d}t} = m\frac{\mathrm{d}^2x(t)}{\mathrm{d}t^2}$$

对上式进行整理，将输出量写在等号的左边，输入量写在等号的右边，并将各阶导数项按降幂排列，得到微分方程为

$$m\frac{\mathrm{d}^2x(t)}{\mathrm{d}t^2} + c\frac{\mathrm{d}x(t)}{\mathrm{d}t} + kx(t) = f(t) \quad (2.1)$$

例 2.2 机械回转系统如图 2.2 所示，由转动惯量为 J 的转子、抗扭刚度为 k 的弹性轴、黏性阻尼系数为 c 的阻尼器组成。转矩 $T(t)$ 为系统输入量，由此引起的偏离平衡位置的角位移 $\theta(t)$ 为输出量。试列写该系统的微分方程。

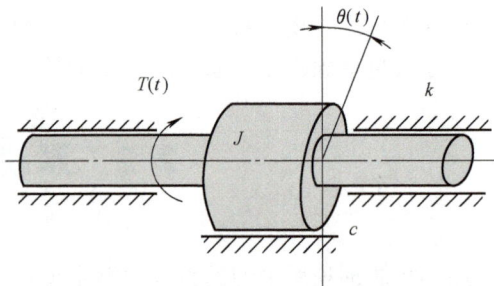

图 2.2　机械回转系统

解：根据牛顿第二定律，得

$$T(t) - K\theta(t) - c\frac{\mathrm{d}\theta(t)}{\mathrm{d}t} = J\frac{\mathrm{d}^2\theta(t)}{\mathrm{d}t^2}$$

对上式进行整理，得到微分方程为

$$J\frac{\mathrm{d}^2\theta(t)}{\mathrm{d}t^2} + c\frac{\mathrm{d}\theta(t)}{\mathrm{d}t} + k\theta(t) = T(t) \tag{2.2}$$

2. 电气系统的微分方程

电气系统所遵循的基本定律是基尔霍夫（电流/电压）定律。电气系统可以通过简化，抽象为电阻-电感-电容系统。

例 2.3 无源电路如图 2.3 所示，$u_i(t)$ 为输入电压，$u_o(t)$ 为输出电压，$i(t)$ 为电流，R 为电阻，C 为电容，L 为电感。试列写其微分方程。

解：根据基尔霍夫定律，有

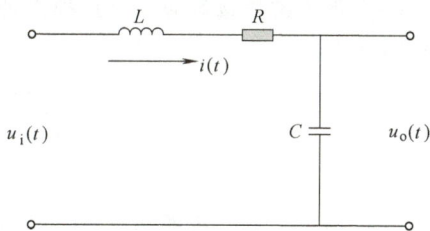

图 2.3　无源电路

$$\begin{cases} \dfrac{\mathrm{d}i(t)}{\mathrm{d}t}L + i(t)R + u_o(t) = u_i(t) \\[2mm] u_o(t) = \dfrac{1}{C}\int i(t)\,\mathrm{d}t \end{cases}$$

消去中间变量 $i(t)$，得

$$LC\frac{\mathrm{d}^2u_o(t)}{\mathrm{d}t^2} + RC\frac{\mathrm{d}u_o(t)}{\mathrm{d}t} + u_o(t) = u_i(t)$$

令 $LC = T^2$，$RC = 2\xi T$，则上式又可以写成

$$T^2\frac{\mathrm{d}^2u_o(t)}{\mathrm{d}t^2} + 2\xi T\frac{\mathrm{d}u_o(t)}{\mathrm{d}t} + u_o(t) = u_i(t) \tag{2.3}$$

式中，T 为时间常数；ξ 为阻尼比。

例 2.4 由两级 RC 电路串联而成的滤波电路如图 2.4 所示。电压 $u_i(t)$ 为输入量，电压 $u_o(t)$ 为输出量，试列写该电路的微分方程。

解：在该系统中，第二级电路（R_2C_2）中的电流 i_2 对第一级电路（R_1C_1）的输出电压产生影响，称为负载效应。因此，分别独立地列写两个串联电路的微分方程，经过消去中间变量得到的微分方程，是错误的。下面分别列写考虑与不考虑负载效应的微分方程。

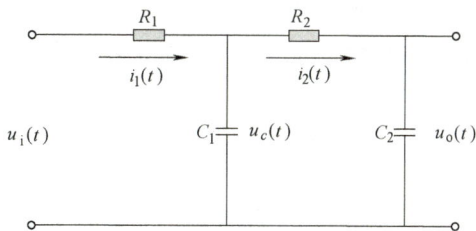

图 2.4　两级 RC 滤波电路

（1）**考虑负载效应** 根据基尔霍夫定律，有

$$\begin{cases} i_1(t)R_1 + u_c(t) = u_i(t) \\ i_2(t)R_2 + u_o(t) = u_c(t) \\ \dfrac{1}{C_2}\displaystyle\int i_2(t)\,dt = u_o(t) \\ \dfrac{1}{C_1}\displaystyle\int [i_1(t) - i_2(t)]\,dt = u_c(t) \end{cases}$$

消去中间变量 $u_c(t)$、$i_1(t)$ 和 $i_2(t)$，整理后，得到微分方程为

$$R_1 C_1 R_2 C_2 \frac{d^2 u_o(t)}{dt^2} + (R_1 C_1 + R_2 C_2 + R_1 C_2)\frac{d u_o(t)}{dt} + u_o(t) = u_i(t) \tag{2.4}$$

（2）不考虑负载效应　分别独立地列写 $R_1 C_1$ 和 $R_2 C_2$ 两个串联环节的微分方程。第一级电路为

$$\begin{cases} i_1(t)R_1 + u_c(t) = u_i(t) \\ u_c^*(t) = \dfrac{1}{C_1}\displaystyle\int i_1(t)\,dt \end{cases}$$

式中，$u_c^*(t)$ 为第一级的输出与第二级的输入。第二级电路为

$$\begin{cases} i_2(t)R_2 + u_o(t) = u_c^*(t) \\ u_o(t) = \dfrac{1}{C_2}\displaystyle\int i_2(t)\,dt \end{cases}$$

消去中间变量，得到微分方程为

$$R_1 C_1 R_2 C_2 \frac{d^2 u_o(t)}{dt^2} + (R_1 C_1 + R_2 C_2)\frac{d u_o(t)}{dt} + u_o(t) = u_i(t) \tag{2.5}$$

对比式（2.4）与式（2.5）的结果，显然，不考虑负载效应是不正确的。

因此，在列写串联元件所构成的系统的微分方程时，应特别注意其负载效应的影响。

2.2.2　列写微分方程的基本步骤

要建立一个控制系统的微分方程，首先必须了解整个系统的组成结构和工作原理，然后根据系统（或各组成元件）所遵循的运动规律和物理定律，列写出整个系统的输出变量与输入变量之间的动态关系表达式，即微分方程。列写微分方程的一般步骤如下：

1）分析系统或元件的关系，按照系统信号的传递情况，确定系统或元件的输入、输出量。

2）从系统输入端开始，按照信号在系统中的传递顺序，依据各变量所遵循的物理（或化学）定律，列写出各环节的微分方程，一般为微分方程组。

3）按照系统的工作条件，忽略一些次要因素，对已建立的原始微分方程进行数学处理，如简化原始微分方程、对非线性项进行线性化处理等，并考虑相邻元件间是否存在负载效应。

4）消除所列微分方程的中间变量，得到描述系统的输入量、输出量之间关系的微分方程。

5）将与输出量有关的各项放在微分方程等号的左端，与输入量有关的各项放在微分方

程等号的右端，并且各阶导数项按降幂排列。

2.3 拉普拉斯变换和逆变换

2.3.1 拉普拉斯变换的定义

对于时间函数 $f(t)$，如果满足

1）当 $t<0$ 时，$f(t)=0$。

2）当 $t \geqslant 0$ 时，$f(t)$ 的积分 $\int_0^{\infty} f(t) e^{-st} dt$ 在 s 的某一域内收敛。

则定义 $f(t)$ 的拉普拉斯变换为

$$F(s) = L[f(t)] = \int_0^{\infty} f(t) e^{-st} dt \qquad (2.6)$$

式中，$s=\beta+j\omega$ 为复变量；L 为拉普拉斯运算符号。

拉普拉斯变换简称为拉氏变换，$F(s)$ 称为 $f(t)$ 的象函数，$f(t)$ 称为 $F(s)$ 的原函数。

2.3.2 典型函数的拉普拉斯变换

1. 单位脉冲函数

单位脉冲函数 $\delta(t)$，如图 2.5 所示，

$$\delta(t) = \begin{cases} \lim\limits_{\Delta \to 0} \dfrac{1}{\Delta} & 0 \leqslant t \leqslant \Delta \\[2mm] 0 & t<0, \Delta < t \end{cases}$$

其拉氏变换为

$$L[\delta(t)] = \int_0^{+\infty} \left[\lim_{\Delta \to 0} \frac{1}{\Delta} \right] e^{-st} dt = \lim_{\Delta \to 0} \int_0^{\Delta} \left[\frac{1}{\Delta} \right] e^{-st} dt = \lim_{\Delta \to 0} \frac{-1}{\Delta s} e^{-st} \Big|_0^{\Delta}$$

$$= \lim_{\Delta \to 0} \left[\frac{1}{\Delta s} (1 - e^{-s\Delta}) \right] = \lim_{\Delta \to 0} \frac{\dfrac{d}{d\Delta}(1 - e^{-s\Delta})}{\dfrac{d}{d\Delta}(\Delta s)} = \lim_{\Delta \to 0} \frac{s}{s} e^{-\Delta s} = 1 \qquad (2.7)$$

2. 单位阶跃函数

单位阶跃函数 $u(t)$，如图 2.6 所示，

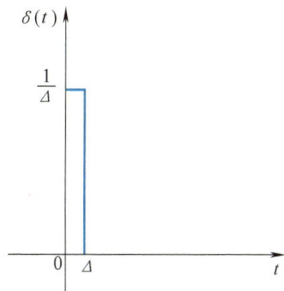

图 2.5 单位脉冲函数

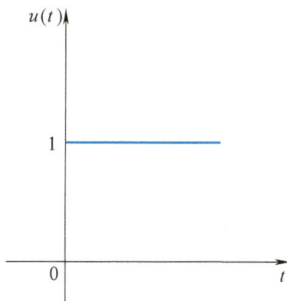

图 2.6 单位阶跃函数

$$u(t) = \begin{cases} 0 & t<0 \\ 1 & t \geqslant 0 \end{cases}$$

其拉氏变换为

$$L[u(t)] = \int_0^\infty e^{-st} dt = -\frac{1}{s} e^{-st} \Big|_0^\infty = \frac{1}{s} \tag{2.8}$$

3. 单位斜坡函数

单位斜坡函数 $r(t)$，如图 2.7 所示，

$$r(t) = \begin{cases} 0 & t<0 \\ t & t \geqslant 0 \end{cases}$$

其拉氏变换为

$$L[r(t)] = \int_0^\infty t e^{-st} dt = \frac{1}{-s} \int_0^\infty t de^{-st} = \frac{1}{-s} \left[t e^{-st} \Big|_0^\infty - \int_0^\infty e^{-st} dt \right] = \frac{1}{s^2} \tag{2.9}$$

4. 单位加速度函数

单位加速度函数 $a(t)$，如图 2.8 所示，

$$a(t) = \begin{cases} 0 & t<0 \\ \dfrac{1}{2} t^2 & t \geqslant 0 \end{cases}$$

其拉氏变换为

$$L\left[\frac{1}{2} t^2\right] = \int_0^\infty \frac{1}{2} t^2 e^{-st} dt = \frac{-1}{2s} \left[t^2 e^{-st} \Big|_0^\infty - 2 \int_0^\infty t e^{-st} dt \right] = \frac{1}{s^3} \tag{2.10}$$

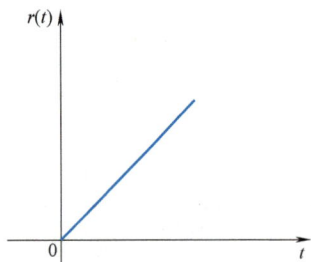

图 2.7　单位斜坡函数

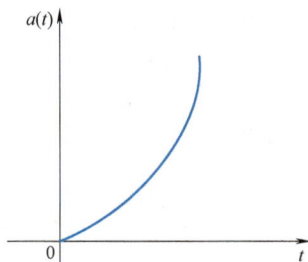

图 2.8　单位加速度函数

5. 正弦函数

正弦函数 $f(t)$，如图 2.9 所示，

$$f(t) = \begin{cases} 0 & t<0 \\ \sin\omega t & t \geqslant 0 \end{cases}$$

式中，ω 为常数，根据欧拉公式　　$\sin\omega t = \dfrac{1}{2j}(e^{j\omega t} - e^{-j\omega t})$

因此，正弦函数的拉氏变换为

$$L[\sin\omega t] = \frac{1}{2j} \int_0^\infty (e^{j\omega t} - e^{-j\omega t}) e^{-st} dt = \frac{1}{2j} \left[\frac{1}{s-j\omega} - \frac{1}{s+j\omega} \right] = \frac{\omega}{s^2 + \omega^2} \tag{2.11}$$

同理，余弦函数 $\cos\omega t$（图 2.10）的拉氏变换为

$$L[\cos\omega t] = \frac{s}{s^2 + \omega^2} \tag{2.12}$$

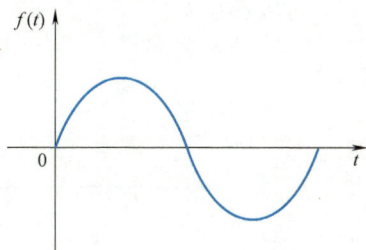

图 2.9 正弦函数

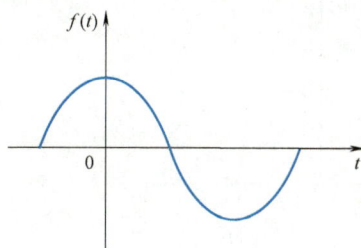

图 2.10 余弦函数

6. 指数函数

指数函数 $f(t)$，

$$f(t) = \begin{cases} 0 & t < 0 \\ e^{-\alpha t} & t \geq 0 \end{cases}$$

其拉氏变换为

$$L[e^{-\alpha t}] = \int_0^\infty e^{-\alpha t} e^{-st} dt = \int_0^\infty e^{-(s+\alpha)t} dt = -\frac{1}{s+\alpha} e^{-(s+\alpha)t} \Big|_0^\infty = \frac{1}{s+\alpha} \tag{2.13}$$

2.3.3 拉普拉斯变换的性质

在实际工程应用中，通常不根据拉氏变换的定义去求象函数，而是利用拉氏变换的一些基本性质求得一些复杂函数的拉氏变换。

1. 线性性质

拉氏变换是线性变换，满足叠加原理，即函数之和的拉氏变换等于各函数拉氏变换之和。若有常数 k_1、k_2，函数 $f_1(t)$、$f_2(t)$，则

$$L[k_1 f_1(t) \pm k_2 f_2(t)] = L[k_1 f_1(t)] \pm L[k_2 f_2(t)] = k_1 F_1(s) \pm k_2 F_2(s) \tag{2.14}$$

2. 位移性质

如果 $L[f(t)] = F(s)$，则

$$L[f(t) e^{-\alpha t}] = F(s+\alpha) \tag{2.15}$$

位移性质表明，时间函数乘以 $e^{-\alpha t}$，相当于变换式在复频域内平移 α。

3. 延迟性质

如果 $L[f(t)] = F(s)$，则

$$L[f(t-t_0) u(t-t_0)] = e^{-st_0} F(s) \tag{2.16}$$

延迟性质表明，如图 2.11a 所示的时间函数 $f(t) u(t)$，若在时间轴上延迟 t_0 得到时间函数 $f(t-t_0) u(t-t_0)$，如图 2.11b 所示，则它的拉氏变换应乘以 e^{-st_0}。如图 2.11c 所示的时间函数 $f(t) u(t-t_0)$，表明时间函数没有延迟，但时间在 t_0 之前，$f(t) = 0$。

4. 尺度性质

如果 $L[f(t)] = F(s)$，则

$$L[f(at)] = \frac{1}{a} F\left(\frac{s}{a}\right) \quad (a \neq 0) \tag{2.17}$$

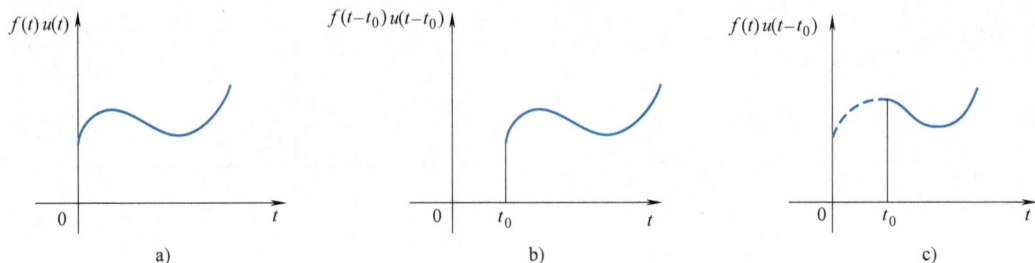

a)   b)   c)

图 2.11　延迟性质

5. 微分性质

原函数 $f(t)$ 一阶导数的拉氏变换为

$$L\left[\frac{\mathrm{d}f(t)}{\mathrm{d}t}\right]=sF(s)-f(0) \tag{2.18}$$

式中，$f(0)$ 为 $f(t)$ 在 $t=0$ 时刻的初始值。

将上述一阶导数的微分性质推广到二阶导数，可得

$$L\left[\frac{\mathrm{d}^2}{\mathrm{d}t^2}f(t)\right]=s^2F(s)-sf(0)-f'(0)$$

式中，$f'(0)$ 是 $\frac{\mathrm{d}f(t)}{\mathrm{d}t}$ 在 $t=0$ 时刻的值。

同理，对于 $f(t)$ 的 n 阶导数的拉氏变换，有

$$L\left[\frac{\mathrm{d}^nf(t)}{\mathrm{d}t^n}\right]=s^nF(s)-\sum_{r=0}^{n-1}s^{n-r-1}f^{(r)}(0) \tag{2.19}$$

式中，$f^{(r)}(0)$ 是 r 阶导数 $\frac{\mathrm{d}^rf(t)}{\mathrm{d}t^r}$ 在 $t=0$ 时刻的值。

如果 $f(t)$ 及其各阶导数的初始值均为零，则

$$L\left[\frac{\mathrm{d}^nf(t)}{\mathrm{d}t^n}\right]=s^nF(s) \tag{2.20}$$

6. 积分性质

原函数 $f(t)$ 一重积分的拉氏变换为

$$L\left[\int f(t)\,\mathrm{d}t\right]=\frac{F(s)}{s}+\frac{f^{-1}(0)}{s} \tag{2.21}$$

式中，$f^{-1}(0)$ 是 $\int f(t)\,\mathrm{d}t$ 在 $t=0$ 时刻的值。

同理，对于 $f(t)$ 的多重积分的拉氏变换，有

$$L\left[\iint f(t)(\mathrm{d}t)^2\right]=\frac{F(s)}{s^2}+\frac{f^{-1}(0)}{s^2}+\frac{f^{-2}(0)}{s}$$

$$\vdots$$

$$L\left[\underbrace{\int\cdots\int}_{n}f(t)(\mathrm{d}t)^n\right]=\frac{F(s)}{s^n}+\frac{f^{-1}(0)}{s^n}+\cdots+\frac{f^{(-n)}(0)}{s} \tag{2.22}$$

式中，$f^{-1}(0)$、$f^{-2}(0)$、$\cdots$、$f^{(-n)}(0)$ 为 $f(t)$ 的各重积分在 $t=0$ 时刻的值。

如果 $f(t)$ 各重积分的初始值均为零，则

$$L\left[\underbrace{\int \cdots \int}_{n} f(t)(\mathrm{d}t)^{n}\right]=\frac{F(s)}{s^{n}} \tag{2.23}$$

7. 初值定理

如果 $L[f(t)]=F(s)$，且 $\lim\limits_{s\to\infty} sF(s)$ 存在，则

$$f(0)=\lim\limits_{t\to 0} f(t)=\lim\limits_{s\to\infty} sF(s) \tag{2.24}$$

8. 终值定理

如果 $L[f(t)]=F(s)$，且 $\lim\limits_{s\to 0} sF(s)$ 存在，则

$$f(\infty)=\lim\limits_{t\to\infty} f(t)=\lim\limits_{s\to 0} sF(s) \tag{2.25}$$

注：运用终值定理的前提是时间函数 $f(t)$ 的终值存在。即 $sF(s)$ 的所有极点全部位于 $[S]$ 平面的左半平面，否则不能用终值定理。

9. 卷积定理

如果 $L[f_1(t)]=F_1(s)$，$L[f_2(t)]=F_2(s)$，则

$$L[f_1(t)*f_2(t)]=L\left[\int_0^t f_1(t-\tau)f_2(t)\mathrm{d}\tau\right]=F_1(s)F_2(s) \tag{2.26}$$

注：* 表示卷积。

例 2.5 已知 $f_1(t)=\mathrm{e}^{-3(t-1)}u(t-1)$，$f_2(t)=\mathrm{e}^{-2(t-1)}\cos 3t$，求 $f_1(t)+f_2(t)$ 的拉氏变换。

解： 由拉氏变换的位移性质，有 $L[\mathrm{e}^{-3t}u(t)]=\dfrac{1}{s+3}$

根据延迟性质，得

$$F_1(s)=L[\mathrm{e}^{-3(t-1)}u(t-1)]=\frac{\mathrm{e}^{-s}}{s+3}$$

又

$$f_2(t)=\mathrm{e}^2\mathrm{e}^{-2t}\cos 3t$$

根据尺度性质，得

$$L[\cos 3t]=\frac{1}{3}\times\frac{\frac{1}{3}s}{\left(\frac{1}{3}s\right)^2+1}=\frac{s}{s^2+9}$$

根据位移性质，得

$$L[\mathrm{e}^{-2t}\cos 3t]=\frac{s+2}{(s+2)^2+9}$$

$$F_2(s)=L[\mathrm{e}^2\mathrm{e}^{-2t}\cos 3t]=\frac{\mathrm{e}^2(s+2)}{(s+2)^2+9}$$

根据线性性质，得

$$L[f_1(t)+f_2(t)]=F_1(s)+F_2(s)=\frac{\mathrm{e}^{-s}}{s+3}+\frac{\mathrm{e}^2(s+2)}{(s+2)^2+9}$$

例 2.6 已知，$f(t)=(2\mathrm{e}^{-t}-\mathrm{e}^{-2t})u(t)$，求 $f(0)$ 和 $f(\infty)$。

解： 由于

$$L[(2\mathrm{e}^{-t}-\mathrm{e}^{-2t})u(t)]=\frac{2}{s+1}-\frac{1}{s+2}=\frac{s+3}{s^2+3s+2}$$

由初值定理，得

$$f(0)=\lim\limits_{s\to\infty} sF(s)=\lim\limits_{s\to\infty}\frac{s(s+3)}{s^2+3s+2}=1$$

由终值定理，得

$$f(\infty) = \lim_{s \to 0} sF(s) = \lim_{s \to 0} \frac{s(s+3)}{s^2+3s+2} = 0$$

2.3.4　拉普拉斯逆变换

由象函数 $F(s)$ 求原函数 $f(t)$，称为拉普拉斯逆变换，其公式为

$$f(t) = L^{-1}[F(s)] = \frac{1}{2\pi j}\int_{\beta-j\infty}^{\beta+j\infty} F(s)e^{st}ds \quad (t \ge 0) \tag{2.27}$$

式中，L^{-1} 为拉普拉斯逆变换符号。

对于简单的象函数，可直接应用拉氏变换对照表，查出相应的原函数；对于复杂的象函数，通常用部分分式展开法计算原函数。部分分式展开法的基本思想是：首先将复杂的象函数展开成若干个简单函数的和，再应用拉氏变换对照表查出各对应的原函数，将各原函数求和，即可求出原函数 $f(t)$。

象函数 $F(s)$ 通常有如下形式的有理分式，即

$$F(s) = \frac{B(s)}{A(s)} = \frac{b_m s^m + b_{m-1} s^{m-1} + \cdots + b_1 s + b_0}{a_n s^n + a_{n-1} s^{n-1} + \cdots + a_1 s + a_0} \quad (n \ge m)$$

式中，系数 a_0、a_1、$\cdots$、a_n，b_0、b_1、$\cdots$、b_m 都是实常数，m、n 为正整数。设 s_1、s_2、$\cdots$、s_n 为分母 $A(s) = 0$ 的根，也称为 $F(s)$ 的极点，则可将上式写成如下形式：

$$F(s) = \frac{B(s)}{A(s)} = \frac{B(s)}{a_n(s-s_1)(s-s_2)\cdots(s-s_n)}$$

下面按不同极点的情况进行讨论。

1. 含有不相同实数的极点

如果 $F(s)$ 只含不相同实数的极点，则 $F(s)$ 可以展开成下列部分分式之和，即

$$F(s) = \frac{B(s)}{A(s)} = \frac{A_1}{s-s_1} + \frac{A_2}{s-s_2} + \cdots + \frac{A_n}{s-s_n} = \sum_{i=1}^{n} \frac{A_i}{s-s_i} \tag{2.28}$$

式中，A_1、A_2、$\cdots$、A_n 为待定系数，它是 $s = s_i$ 处的留数，可按下式求解

$$A_i = [(s-s_i)F(s)]_{s=s_i} \tag{2.29}$$

根据拉氏变换的线性性质，得到原函数

$$f(t) = L^{-1}[F(s)] = \sum_{i=1}^{n} A_i e^{s_i t} u(t) \tag{2.30}$$

例 2.7　求 $F(s) = \dfrac{8s+19}{s^2+5s+6}$ 的原函数。

解：将 $F(s)$ 进行部分分式展开

$$F(s) = \frac{8s+19}{(s+2)(s+3)} = \frac{A_1}{s+2} + \frac{A_2}{s+3}$$

A_1 和 A_2 利用式（2.29）求得

$$A_1 = \left[(s+2)\frac{8s+19}{(s+2)(s+3)}\right]_{s=-2} = \left[\frac{8s+19}{s+3}\right]_{s=-2} = 3$$

$$A_2 = \left[(s+3) \frac{8s+19}{(s+2)(s+3)} \right]_{s=-3} = \left[\frac{8s+19}{s+2} \right]_{s=-3} = 5$$

则原函数

$$f(t) = L^{-1}[F(s)] = L^{-1}\left[\frac{3}{s+2}\right] + L^{-1}\left[\frac{5}{s+3}\right] = (3e^{-2t} + 5e^{-3t})u(t)$$

2. 含有共轭复极点

如果 $F(s)$ 含有一对共轭复极点 s_1 和 s_2，其余极点为各不相同的实数，则 $F(s)$ 可以展开成下列部分分式之和，即

$$F(s) = \frac{B(s)}{A(s)} = \frac{A_1 s + A_2}{(s-s_1)(s-s_2)} + \frac{A_3}{s-s_3} + \cdots + \frac{A_n}{s-s_n} \qquad (2.31)$$

式中，A_1 和 A_2 可按下式求解

$$[A_1 s + A_2] = [(s-s_1)(s-s_2)F(s)]_{s=s_1 \text{或} s=s_2} \qquad (2.32)$$

由于 s_1 和 s_2 是复数，故式（2.32）两边均为复数，令等号两边的实部和虚部分别相等，得到两个方程式，联立求解，即得 A_1 和 A_2 两个系数。其余各项系数按不相同实数极点的方法求解。

例 2.8 求 $F(s) = \dfrac{s+2}{s(s+1)(s^2+2s+10)}$ 的原函数。

解：将 $F(s)$ 进行部分分式展开

$$F(s) = \frac{s+2}{s(s+1)(s+1+j3)(s+1-j3)} = \frac{A_1 s + A_2}{(s+1+j3)(s+1-j3)} + \frac{A_3}{s} + \frac{A_4}{s+1}$$

根据式（2.32），有

$$[A_1 s + A_2] = [(s+1+j3)(s+1-j3)F(s)]_{s=-1-j3}$$

得到

$$A_1(-1-j3) + A_2 = (s+1+j3)(s+1-j3)\frac{s+2}{s(s+1)(s+1+j3)(s+1-j3)} = \frac{1-j3}{-j3(-1-j3)}$$

化简整理

$$18A_1 - 9A_2 + j(24A_1 + 3A_2) = 1 - j3$$

令上式左右两边实部与虚部分别相等，即

$$18A_1 - 9A_2 = 1$$
$$24A_1 + 3A_2 = -3$$

解得

$$A_1 = -\frac{4}{45} \qquad A_2 = -\frac{13}{45}$$

根据式（2.29）有

$$A_3 = \left[s \frac{s+2}{s(s+1)(s^2+2s+10)} \right]_{s=0} = \left[\frac{s+2}{(s+1)(s^2+2s+10)} \right]_{s=0} = \frac{1}{5}$$

$$A_4 = \left[(s+1) \frac{s+2}{s(s+1)(s^2+2s+10)} \right]_{s=-1} = \left[\frac{s+2}{s(s^2+2s+10)} \right]_{s=-1} = -\frac{1}{9}$$

则

$$F(s) = \frac{-\frac{4}{45}s - \frac{13}{45}}{(s+1)^2 + 9} + \frac{1}{5s} - \frac{1}{9(s+1)}$$

将上式进行拉氏逆变换，得原函数

$$f(t) = \left[-\frac{4}{45}e^{-t}\cos 3t - \frac{3}{45}e^{-t}\sin 3t + \frac{1}{5} - \frac{1}{9}e^{-t} \right] u(t)$$

3. 含有多重极点

如果 $F(s)$ 含有 r 个重极点 s_1，其余极点 s_{r+1}、$\cdots$、s_n 均为各不相同的实数，则 $F(s)$ 可以展开成下列部分分式之和，即

$$F(s) = \frac{B(s)}{A(s)} = \frac{A_1}{(s-s_1)^r} + \frac{A_2}{(s-s_1)^{r-1}} + \frac{A_3}{(s-s_1)^{r-2}} + \cdots + \frac{A_r}{s-s_1} + \frac{A_{r+1}}{s-s_{r+1}} + \cdots + \frac{A_n}{s-s_n} \qquad (2.33)$$

系数 A_{r+1}、$\cdots$、A_n 可按照不同极点的情况求取，系数 A_1、$\cdots$、A_r 的求法如下：

$$A_1 = \left[(s-s_1)^r F(s) \right]_{s=s_1}$$

$$A_2 = \left\{ \frac{\mathrm{d}}{\mathrm{d}s} \left[(s-s_1)^r F(s) \right] \right\}_{s=s_1}$$

$$A_3 = \frac{1}{2!} \left\{ \frac{\mathrm{d}^2}{\mathrm{d}s^2} \left[(s-s_1)^r F(s) \right] \right\}_{s=s_1}$$

$$\vdots$$

$$A_r = \frac{1}{(r-1)!} \left\{ \frac{\mathrm{d}^{r-1}}{\mathrm{d}s^{r-1}} \left[(s-s_1)^r F(s) \right] \right\}_{s=s_1} \qquad (2.34)$$

则原函数

$$f(t) = L^{-1}\left[F(s) \right]$$
$$= \left[\frac{A_1}{(r-1)!}t^{r-1} + \frac{A_2}{(r-2)!}t^{r-2} + \cdots + A_r \right]e^{s_1 t}u(t) + \sum_{i=r+1}^{n} A_i e^{s_i t}u(t) \qquad (2.35)$$

例 2.9 求 $F(s) = \dfrac{2s+1}{(s+1)^2(s+3)}$ 的原函数。

解：将 $F(s)$ 进行部分分式展开

$$F(s) = \frac{2s+1}{(s+1)^2(s+3)} = \frac{A_1}{(s+1)^2} + \frac{A_2}{s+1} + \frac{A_3}{s+3}$$

根据式（2.34），得

$$A_1 = \left[(s+1)^2 \frac{2s+1}{(s+1)^2(s+3)} \right]_{s=-1} = -\frac{1}{2}$$

$$A_2 = \frac{\mathrm{d}}{\mathrm{d}s}\left[(s+1)^2 \frac{2s+1}{(s+1)^2(s+3)} \right]_{s=-1} = \frac{5}{4}$$

根据式（2.29）有

$$A_3 = \left[(s+3) \frac{2s+1}{(s+1)^2(s+3)} \right]_{s=-3} = -\frac{5}{4}$$

由式（2.35）得到原函数

$$f(t) = L^{-1}\left[\frac{2s+1}{(s+1)^2(s+3)}\right] = \left[e^{-t}\left(-\frac{1}{2}t+\frac{5}{4}\right)-\frac{5}{4}e^{-3t}\right]u(t)$$

2.4 传递函数

拉普拉斯变换是求解线性常微分方程的有效工具，但是在求解后却难以找出系统的结构或参数的变化对系统性能的影响。经典控制理论中广泛使用的系统分析设计方法，即频率法和根轨迹法，是利用拉氏变换方法求解微分方程，得到控制系统在复域中的数学模型，即是在传递函数的基础上建立起来的，传递函数不仅可以表征系统的动态性能，而且可以用来研究系统的结构或参数的变化对系统性能的影响。因此，传递函数是经典控制理论中最基本和最重要的数学模型。

2.4.1 传递函数的定义和性质

1. 传递函数的定义

对于线性定常系统，当初始条件为零时，输出量 $x_o(t)$ 的拉氏变换 $X_o(s)$ 与输入量 $x_i(t)$ 的拉氏变换 $X_i(s)$ 之比，称为该系统的传递函数，用 $G(s)$ 表示。

设线性定常系统的微分方程一般表示为

$$a_n\frac{d^n x_o(t)}{dt^n}+a_{n-1}\frac{d^{n-1} x_o(t)}{dt^{n-1}}+\cdots+a_1\frac{dx_o(t)}{dt}+a_0 x_o(t)= \tag{2.36}$$

$$b_m\frac{d^m x_i(t)}{dt^m}+b_{m-1}\frac{d^{m-1} x_i(t)}{dt^{m-1}}+\cdots+b_1\frac{dx_i(t)}{dt}+b_0 x_i(t) \quad (n \geq m)$$

式中，a_0、a_1、$\cdots$、a_n 和 b_0、b_1、$\cdots$、b_m 是与系统结构参数有关的常数。

在初始条件为零时，对式（2.36）两边进行拉氏变换，得

$$(a_n s^n+a_{n-1}s^{n-1}+\cdots+a_1 s+a_0)X_o(s) = (b_m s^m+b_{m-1}s^{m-1}+\cdots+b_1 s+b_0)X_i(s)$$

由此，可得系统的传递函数为

$$G(s) = \frac{X_o(s)}{X_i(s)} = \frac{b_m s^m+b_{m-1}s^{m-1}+\cdots+b_1 s+b_0}{a_n s^n+a_{n-1}s^{n-1}+\cdots+a_1 s+a_0} \quad (n \geq m) \tag{2.37}$$

则

$$x_o(t) = L^{-1}[X_o(s)] = L^{-1}[G(s)X_i(s)] \tag{2.38}$$

可见，传递函数是系统在零初始条件下对微分方程进行拉氏变换得到的，如果已知系统的输入信号 $x_i(t)$ 和传递函数 $G(s)$，那么就可以得到零初始条件下系统输出量的拉氏变换 $X_o(s)$，再通过拉氏逆变换即可得到系统输出信号 $x_o(t)$，用功能图表示如图 2.12 所示。

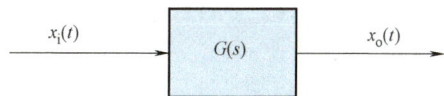

图 2.12 系统功能图

2. 传递函数的性质

（1）物理性质不同的系统，可以用相同类型的传递函数描述其动态过程。因为，传递函数反映了系统输入量与输出量之间的关系，这种关系由系统本身的结构和固有特性决定，

与系统的输入输出无关。

（2）当系统初始状态为零时，对于给定的输入，系统输出的拉氏逆变换完全取决于系统的传递函数。由于已设初始状态为零，而这一输出与系统在输入作用前的初始状态无关。因此，传递函数不能反映在非零初始状态下系统的动态历程。

（3）传递函数仅适用于对单输入、单输出线性定常系统的动态特性进行描述，且一个传递函数无法反映系统中各中间变量之间的关系，对于多输入、多输出系统，需要用传递函数矩阵来表示各变量之间的关系。

（4）传递函数可以有量纲，也可以无量纲，取决于系统输出的量纲与输入的量纲。

（5）系统的传递函数 $G(s)$ 通过因式分解后，可以写成如下形式

$$G(s) = \frac{X_o(s)}{X_i(s)} = \frac{K(s-z_1)(s-z_2)\cdots(s-z_m)}{(s-p_1)(s-p_2)\cdots(s-p_n)} \quad (K \text{ 为常数}) \tag{2.39}$$

式中，z_1，z_2，$\cdots$，z_m 为传递函数分子的根，称为传递函数的零点；p_1，p_2，$\cdots$，p_n 为传递函数分母的根，称为传递函数的极点，即系统微分方程的特征根。

零点和极点的数值完全取决于系数 a_0、a_1、$\cdots$、a_n 和 b_0、b_1、$\cdots$、b_m，即取决于系统的结构参数。因此，利用传递函数零点和极点的分布特征即可考察、分析和处理控制系统中的各种问题。

2.4.2 典型环节及其传递函数

在控制工程中，通常将具有某种确定信息传递关系的元件或元件的一部分称为一个环节，经常遇到的环节称为典型环节。一个复杂的控制系统可以由若干个典型环节通过串联、并联和反馈等方式组合而成。因此，求出这些典型环节的传递函数，为建立系统数学模型，分析、研究复杂系统带来了极大方便。

1. 比例环节

如果输出量与输入量成正比，输出既不失真也不延迟，称为比例环节，也称放大环节。其运动方程为

$$x_o(t) = Kx_i(t)$$

式中，$x_o(t)$ 为输出；$x_i(t)$ 为输入；K 为放大系数或增益。其传递函数为

$$G(s) = \frac{X_o(s)}{X_i(s)} = K \tag{2.40}$$

比例环节的功能图如图 2.13 所示。

例 2.10 图 2.14 所示为数字运算放大器，$u_i(t)$ 为输入电压，$u_o(t)$ 为输出电压，R_1、R_2 为电阻，试求其传递函数。

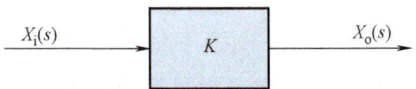

图 2.13 比例环节功能图

解： 输入电压 $u_i(t)$ 与输出电压 $u_o(t)$ 的关系为

$$u_o(t) = -\frac{R_2}{R_1}u_i(t)$$

经拉氏变换后，得到传递函数

$$G(s) = \frac{U_o(s)}{U_i(s)} = -\frac{R_2}{R_1} = K$$

例 2.11　图 2.15 所示为齿轮传动机构，ω_1 为输入轴的转速，ω_2 为输出轴的转速，z_1、z_2 为齿轮齿数，求其传递函数。

解：若系统不考虑损耗，则有

$$\omega_1 z_1 = \omega_2 z_2$$

经拉氏变换后，得到传递函数

$$G(s) = \frac{W_2(s)}{W_1(s)} = \frac{z_1}{z_2} = K$$

式中，K 为齿轮机构的传动比。

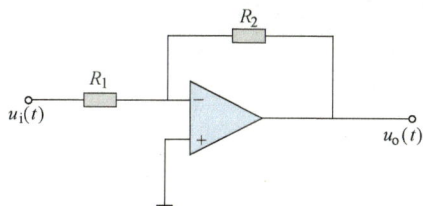

图 2.14　数字运算放大器

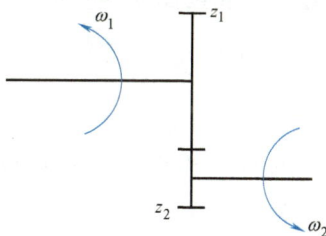

图 2.15　齿轮传动机构

2. 惯性环节

输出量与输入量能用一阶线性微分方程描述的环节称为惯性环节。其运动方程为

$$T\frac{\mathrm{d}x_o(t)}{\mathrm{d}t} + x_o(t) = x_i(t)$$

式中，T 为惯性环节的时间常数。其传递函数为

$$G(s) = \frac{X_o(s)}{X_i(s)} = \frac{1}{Ts+1} \tag{2.41}$$

在惯性环节中，总是含有一个储能元件，对于突变形式的输入 $x_i(t)$，其输出 $x_o(t)$ 不能立即复现，$x_o(t)$ 总是落后于 $x_i(t)$。惯性环节功能图如图 2.16 所示。

例 2.12　弹簧-阻尼系统如图 2.17 所示，$x_i(t)$ 为输入位移，$x_o(t)$ 为输出位移，k 为弹簧的刚度，c 为阻尼器的阻尼系数，求其传递函数。

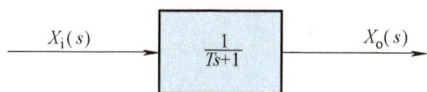

图 2.16　惯性环节功能图

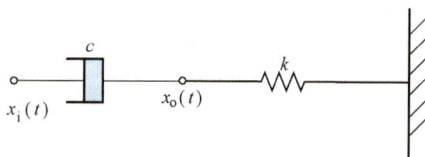

图 2.17　弹簧-阻尼系统

解：根据牛顿第二定律，有

$$c\frac{\mathrm{d}x_o(t)}{\mathrm{d}t} + kx_o(t) = kx_i(t)$$

经拉氏变换后，得到传递函数

$$G(s) = \frac{X_o(s)}{X_i(s)} = \frac{k}{cs+k} = \frac{1}{Ts+1}$$

式中, $T=c/k$, 为惯性环节的时间常数。

例 2.13　图 2.18 所示为一简单电路, $u_i(t)$ 为输入电压, $u_o(t)$ 为输出电压, $i(t)$ 为电流, R 为电阻, C 为电容, 求其传递函数。

解: 根据基尔霍夫定律, 有

$$\begin{cases} i(t)R + u_o(t) = u_i(t) \\ u_o(t) = \dfrac{1}{C}\displaystyle\int i(t)\,\mathrm{d}t \end{cases}$$

图 2.18　简单电路

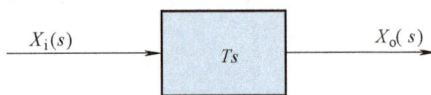

对上式取拉氏变换, 消去中间变量, 得到传递函数

$$G(s) = \frac{U_o(s)}{U_i(s)} = \frac{1}{RCs+1} = \frac{1}{Ts+1}$$

式中, $T=RC$, 为惯性环节的时间常数。

3. 微分环节

输出量 $x_o(t)$ 与输入量 $x_i(t)$ 的微分成比例的环节, 称为微分环节, 其运动方程为

$$x_o(t) = T\frac{\mathrm{d}x_i(t)}{\mathrm{d}t}$$

式中, T 为微分环节的时间常数。其传递函数为

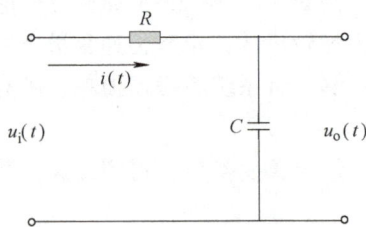

$$G(s) = \frac{X_o(s)}{X_i(s)} = Ts \tag{2.42}$$

微分环节的功能图如图 2.19 所示。

微分环节的输出是输入的微分, 当输入量为单位阶跃函数 $u(t)$ 时, 输出量则为脉冲函数 $\delta(t)$, 这在实际的控制系统中是不可能的。因此, 理想的微分环节不能实现, 它总是与其他环节同时出现。

图 2.19　微分环节功能图

例 2.14　机械液压阻尼器的原理如图 2.20 所示。A 为活塞有效工作面积, k 为弹簧刚度, R 为节流阀液阻, p_1、p_2 分别为液压缸左右腔油液的工作压力。输入量为活塞位移 $x_i(t)$, 输出量为液压缸的位移 $x_o(t)$, 求系统的传递函数。

解: 液压缸的力平衡方程为

$$A(p_2 - p_1) = kx_o(t)$$

通过节流阀的流量为

$$q = \frac{p_2 - p_1}{R} = A\left(\frac{\mathrm{d}x_i(t)}{\mathrm{d}t} - \frac{\mathrm{d}x_o(t)}{\mathrm{d}t}\right)$$

上面两式联立, 经拉氏变换后, 消去 p_1、p_2, 得

$$sX_o(s) + \frac{k}{A^2 R}X_o(s) = sX_i(s)$$

其传递函数为

$$G(s) = \frac{X_o(s)}{X_i(s)} = \frac{s}{s + \frac{k}{A^2 R}} = \frac{Ts}{Ts+1}$$

式中，$T = \dfrac{A^2 R}{k}$，为系统的时间常数。

例 2.15　无源微分电路如图 2.21 所示，$u_i(t)$ 为输入电压，$u_o(t)$ 为输出电压，$i(t)$ 为电流，R 为电阻，C 为电容。求其传递函数。

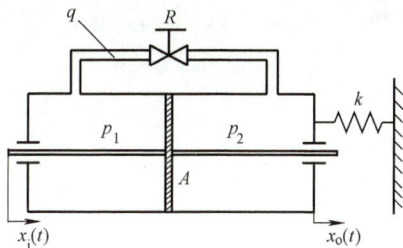

图 2.20　机械液压阻尼器

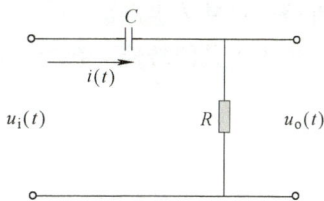

图 2.21　无源微分电路

解：根据基尔霍夫定律，有

$$\begin{cases} \dfrac{1}{C}\displaystyle\int i(t)\,\mathrm{d}t + u_o(t) = u_i(t) \\[2mm] u_o(t) = i(t)R \end{cases}$$

经拉氏变换，消去中间变量，得到传递函数

$$G(s) = \frac{U_o(s)}{U_i(s)} = \frac{RCs}{RCs+1} = \frac{Ts}{Ts+1}$$

式中，$T = RC$，为系统的时间常数。

从上述两个例子可以看出，其系统均包含有惯性环节 $1/(Ts+1)$ 和微分环节 Ts，称为具有惯性的微分环节。仅当 $|Ts| \ll 1$ 时，$G(s) \approx Ts$，才可以近似认为是理想的微分环节。实际上，微分环节总是含有惯性环节的，理想的微分环节只是一个在数学上的假设。

4. 积分环节

输出量 $x_o(t)$ 与输入量 $x_i(t)$ 的积分成比例的环节，称为积分环节，其运动方程为

$$x_o(t) = \frac{1}{T}\int x_i(t)\,\mathrm{d}t$$

式中，T 为积分环节的时间常数。其传递函数为

$$G(s) = \frac{X_o(s)}{X_i(s)} = \frac{1}{Ts} \qquad (2.43)$$

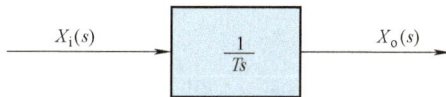

积分环节的功能图如图 2.22 所示。

当系统的输入为单位阶跃信号 $u(t)$ 时，系统的输出为

图 2.22　积分环节功能图

$$x_o(t) = L^{-1}[X_o(s)] = L^{-1}[G(s)X_i(S)] = L^{-1}\left[\frac{1}{Ts}\frac{1}{s}\right] = \frac{1}{T}t$$

由上式可以看出，输出量为输入量对时间的累积，输出的幅值呈线性增长，如图 2.23 所示。对于阶跃输入，输出在 $t=t_1$ 时等于输入，故有滞后作用。经过一段时间的累积后，在 $t=t_2$ 时输入消失为零，输出量保持已达到的值不变，具有记忆功能。因此积分环节常被用来改善控制系统的稳态性能。

例 2.16 齿轮齿条传动机构如图 2.24 所示。齿轮的转速 $\omega(t)$ 为输入量，齿条的位移 $x(t)$ 为输出量，D 为齿轮分度圆直径，求其传递函数。

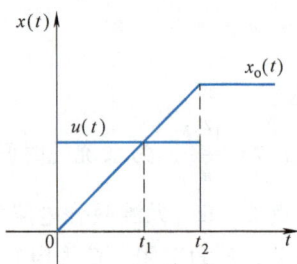

图 2.23 积分环节的
输入输出关系

解： 齿轮齿条的转速关系为

$$\frac{\mathrm{d}x(t)}{\mathrm{d}t} = \pi D\omega(t)$$

经拉氏变换，得到传递函数

$$G(s) = \frac{X(s)}{N(s)} = \frac{\pi D}{s}$$

例 2.17 图 2.25 所示的电动机，$u_i(t)$ 为输入电压，$\theta_o(t)$ 为输出转速，求其传递函数。

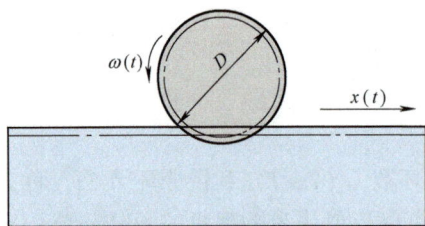

图 2.24 齿轮齿条机构

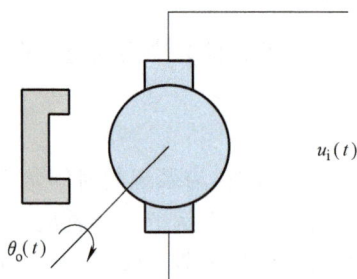

图 2.25 电动机

解： 设 K 为电动机的增益，则

$$\frac{\mathrm{d}\theta_o(t)}{\mathrm{d}t} = Ku_i(t)$$

经拉氏变换，得到传递函数

$$G(s) = \frac{\Theta_o(s)}{U_i(s)} = \frac{K}{s}$$

5. 一阶微分环节

一阶微分环节的运动方程为

$$x_o(t) = T\frac{\mathrm{d}x_i(t)}{\mathrm{d}t} + x_i(t)$$

式中，T 为一阶微分环节的时间常数。

传递函数为

$$G(s) = \frac{X_o(s)}{X_i(s)} = Ts+1 \qquad (2.44)$$

一阶微分环节的功能图如图 2.26 所示。

例 2.18 无源电路如图 2.27 所示，$u_i(t)$ 为输入电压，$u_o(t)$ 为输出电压，R_1、R_2 为电阻，C 为电容，$i(t)$、$i_R(t)$ 和 $i_c(t)$ 分别为电流，求其传递函数。

解： 根据基尔霍夫定律，有

$$\begin{cases} u_i(t) = \dfrac{1}{C}\displaystyle\int i_c(t)\,\mathrm{d}t + u_o(t) \\[2mm] u_o(t) = i(t)R_2 \\[2mm] i_R(t) = \dfrac{1}{R_1 C}\displaystyle\int i_c(t)\,\mathrm{d}t \\[2mm] i(t) = i_R(t) + i_c(t) = \dfrac{1}{R_1 C}\displaystyle\int i_c(t)\,\mathrm{d}t + i_c(t) \end{cases}$$

将上式分别进行拉氏变换，消去中间变量，有

$$U_i(s) = \frac{R_1}{R_1 Cs+1}\frac{U_o(s)}{R_2} + U_o(s)$$

得到传递函数

$$G(s) = \frac{R_2(R_1 Cs+1)}{R_2(R_1 Cs+1)+R_1} = \frac{K(Ts+1)}{KTs+1}$$

式中，$T = R_1 C$，为时间常数；$K = R_2/(R_1+R_2)$。该电路的传递函数由比例环节、惯性环节和一阶微分环节组成。

6. 振荡环节

振荡环节一般含有两种储能元件，由于两种储能元件之间有能量交换，导致系统的输出发生振荡。其运动方程为

$$T^2\frac{\mathrm{d}^2 x_o(t)}{\mathrm{d}t^2} + 2\xi T\frac{\mathrm{d}x_o(t)}{\mathrm{d}t} + x_o(t) = x_i(t)$$

式中，T 为振荡环节的时间常数；ξ 为阻尼比。其传递函数为

$$G(s) = \frac{X_o(s)}{X_i(s)} = \frac{1}{T^2 s^2 + 2\xi Ts + 1} \qquad (2.45)$$

令 $T = 1/\omega_n$，则式 (2.45) 可化为

$$G(s) = \frac{\omega_n^2}{s^2 + 2\xi\omega_n s + \omega_n^2} \qquad (2.46)$$

式中，ω_n 为系统的无阻尼固有频率。当 $0 \leqslant \xi < 1$ 时，系统特征方程为共轭复根，这时二阶系统才能称为振荡环节。

振荡环节的功能图如图 2.28 所示。

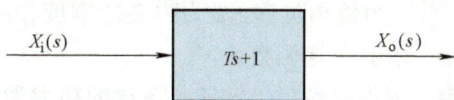

图 2.26　一阶微分环节功能图

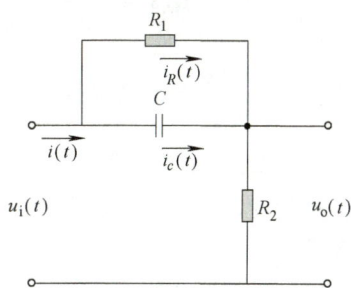

图 2.27　无源电路

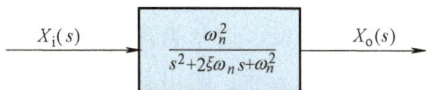

图 2.28　振荡环节功能图

例 2.19 质量-阻尼-弹簧系统如图 2.29 所示。$x_i(t)$ 为输入位移，$x_o(t)$ 为输出位移，k 为弹簧的刚度，m 为质量块的质量，c 为阻尼系数，求其传递函数。

解： 根据牛顿第二定律，系统的动力学方程为

$$m\frac{d^2 x_o(t)}{dt^2} + c\frac{dx_o(t)}{dt} = k[x_i(t) - x_o(t)]$$

经拉氏变换后，得到传递函数

$$G(s) = \frac{X_o(s)}{X_i(s)} = \frac{k}{ms^2 + cs + k} = \frac{\omega_n^2}{s^2 + 2\xi\omega_n s + \omega_n^2}$$

式中，$\omega_n = \sqrt{\dfrac{k}{m}}$ 为固有频率；$\xi = \dfrac{c}{2\sqrt{mk}}$ 为阻尼比。

图 2.29 质量-阻尼-弹簧系统

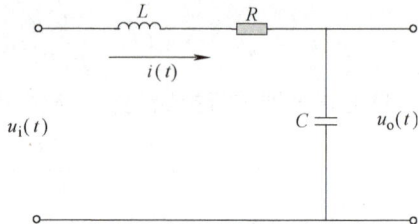

例 2.20 无源电路如图 2.30 所示，$u_i(t)$ 为输入电压，$u_o(t)$ 为输出电压，$i(t)$ 为电流，R 为电阻，C 为电容，L 为电感，求其传递函数。

解： 根据基尔霍夫定律，有

$$\begin{cases} \dfrac{di(t)}{dt}L + i(t)R + u_o(t) = u_i(t) \\ u_o(t) = \dfrac{1}{C}\displaystyle\int i(t)\,dt \end{cases}$$

图 2.30 无源电路

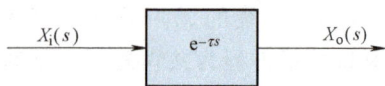

经拉氏变换后，消去中间变量，得到传递函数

$$G(s) = \frac{U_o(s)}{U_i(s)} = \frac{1}{LCs^2 + RCs + 1} = \frac{\omega_n^2}{s^2 + 2\xi\omega_n s + \omega_n^2}$$

式中，$\omega_n = \sqrt{\dfrac{1}{LC}}$ 为固有频率；$\xi = \dfrac{RC}{2\sqrt{LC}}$ 为阻尼比。

7. 延迟环节

输出量 $x_o(t)$ 滞后输入时间 τ 而不失真地反映输入量 $x_i(t)$ 的环节称为延迟环节。其运动方程为

$$x_o(t) = x_i(t-\tau)$$

式中，τ 为延迟时间。

传递函数为

$$G(s) = \frac{L[x_o(t)]}{L[x_i(t)]} = \frac{L[x_i(t-\tau)]}{L[x_i(t)]} = \frac{X_i(s)e^{-\tau s}}{X_i(s)} = e^{-\tau s} \qquad (2.47)$$

延迟环节的功能图如图 2.31 所示。

延迟环节与惯性环节的区别在于：惯性环节从输入开始就有输出，但需要延迟一段时间才接近于所要求的输出量。而延迟环节在输入开始之初并无输出，在时间 τ 后，输出就完全等于输入。延迟环节的输入输出关系如图 2.32 所示。

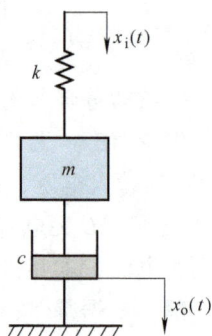

$X_i(s)$ —— $e^{-\tau s}$ —— $X_o(s)$

图 2.31 延迟环节功能图

在液压、气动系统中，施加输入信号后，往往由于管道长度而延缓了信号传递的时间，因而出现延迟环节。

例 2.21 图 2.33 所示为轧钢时的钢带厚度检测示意图。钢带在 A 点轧出时，产生厚度偏差 $\Delta\beta_1(t)$。但是，这一厚度偏差在到达 B 点时才被测厚仪检测到，测厚仪检测到的厚度偏差为 $\Delta\beta_2(t)$。若测厚仪与 A 点的距离为 l，钢带的速度为 v，则延迟时间 $\tau=l/v$。故有如下关系

$$\Delta\beta_2(t) = \Delta\beta_1(t-\tau)$$

则传递函数为

$$G(s) = \frac{L[\Delta\beta_2(t)]}{L[\Delta\beta_1(t)]} = \frac{L[\Delta\beta_1(t-\tau)]}{L[\Delta\beta_1(t)]} = e^{-\tau s}$$

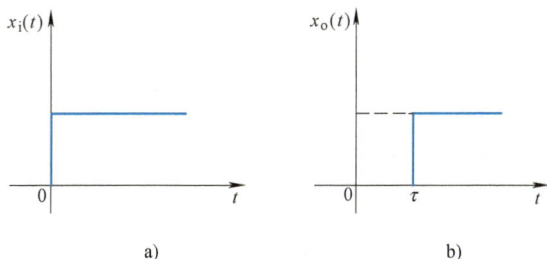

图 2.32　延迟环节的输入输出关系

a）输入信号　b）输出信号

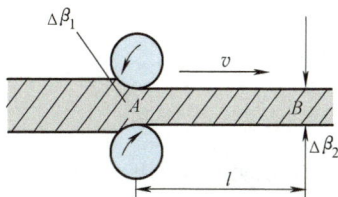

图 2.33　钢带厚度检测示意图

在列写系统的传递函数时，需要强调两点：

1）典型环节是表示元件运动特性的数学模型。一个典型环节的数学模型可能是若干个元件的数学模型的组合；反之，若干个典型环节的数学模型组合也可能是一个元件的数学模型。

2）同一个元件取不同的输入、输出物理量，可能形成不同的典型环节。

2.5　系统功能图和信号流图

2.5.1　系统功能图的组成

一个复杂系统，是由若干个环节按一定关系所组成的，将这些环节用方框来表示，其间用相应的变量及其信号流向联系起来，就构成了系统的功能图。系统功能图具体而形象地表示了系统内部各环节的数学模型、各变量之间的相互关系以及信号的流向。功能图本身就是控制系统数学模型的一种图解表示，根据功能图，通过一定的运算变换可求得系统的传递函数，它提供了关于系统动态性能的有关信息，并且可以揭示和评价每个组成环节对系统的影响。

1. 功能图的结构要素

（1）信号线　如图 2.34a 所示，箭头表示信号传递的方向，在信号线的上方或下方标出信号的时间函数或其拉氏变换。

（2）方框　如图 2.34b 所示，方框中表示的是该环节的传递函数，体现了输入量与输出量的关系，即 $X_o(s) = G(s)X_i(s)$。且方框具有单向性，输出对输入没有反作用。

（3）相加点　如图 2.34c 所示，在相加点处，输出信号等于各输入信号的代数和，相加减的信号必须具有相同的量纲，相加点可以有多个输入，但输出是唯一的。

（4）分支点　如图 2.34d 所示，一个信号分为两个或多个输出，输出的多个信号不仅量纲相同，而且量值也相同。

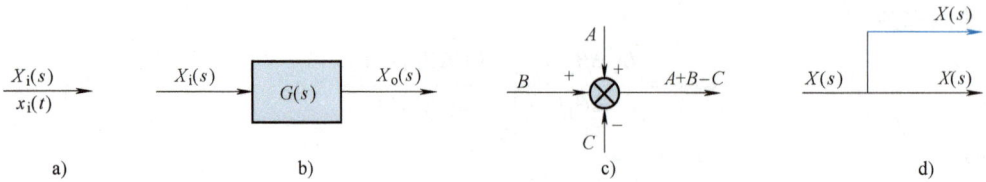

图 2.34　功能图结构要素

a）信号线　b）方框　c）相加点　d）分支点

2. 系统功能图的建立

建立系统功能图的步骤如下：

（1）根据系统的工作原理和特性将系统划分为若干个环节，并建立各个环节的微分方程。

（2）在零初始条件下，对各个环节的微分方程进行拉氏变换。

（3）根据拉氏变换中各因式的关系，分别建立子功能图。

（4）按照信号在系统中的传递顺序，依次将各子功能图连接起来，系统输入量在左端，输出量在右端，即可得到系统的传递函数功能图。

例 2.22　建立图 2.18 所示的电路系统的功能图。

解：对系统的微分方程在零初始条件下进行拉氏变换，得

$$\begin{cases} RI(s) + U_o(s) = U_i(s) \\ sU_o(s) = \dfrac{1}{C}I(s) \end{cases}$$

将上式表示成如下形式，并根据因式之间的关系做出两个子功能图，如图 2.35a 和 b 所示，最后将二者连接起来，得到系统功能图，如图 2.35c 所示。

$$\begin{cases} I(s) = \dfrac{1}{R}\left[U_i(s) - U_o(s)\right] \\ U_o(s) = \dfrac{1}{Cs}I(s) \end{cases}$$

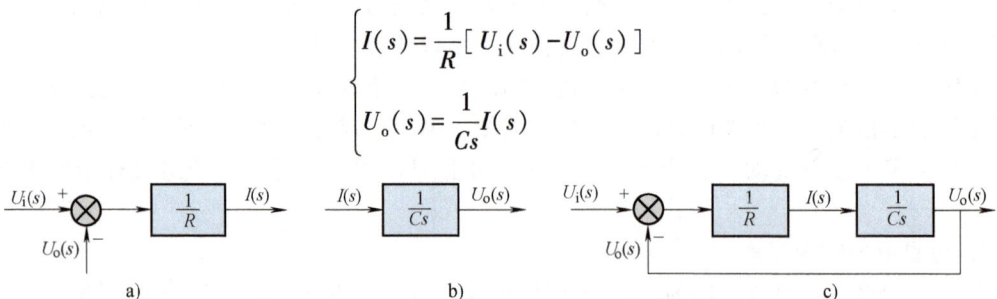

图 2.35　电路子功能图和系统功能图

2.5.2 系统功能图的简化

对于实际工程应用中的复杂控制系统，系统功能图通常用多回路的功能图表示，其结构相当复杂。为了便于分析、研究与计算这类复杂的控制系统，常常需要利用传递函数功能图的等效变换原则对系统功能图进行简化。

系统功能图的基本连接方式有串联、并联和反馈连接。因此，功能图简化的一般方法是移动分支点或相加点，进行功能运算，将串联、并联和反馈连接的功能合并，即对系统传递函数功能图进行等效变换。

传递函数功能图的等效变换原则是：变换前后前向通道中的传递函数的乘积应保持不变，回路中传递函数的乘积应保持不变。即变换前后整个系统的输入输出传递函数保持不变。

1. 串联环节的等效变换规则

前一方框的输出为后一方框的输入的连接方式称为环节的串联，如图 2.36 所示。当各环节之间不存在（或可忽略）负载效应时，串联连接后的传递函数为

$$G(s) = \frac{X_o(s)}{X_i(s)} = \frac{X_1(s)\,G_2(s)}{X_1(s)/G_1(s)} = G_1(s)\,G_2(s)$$

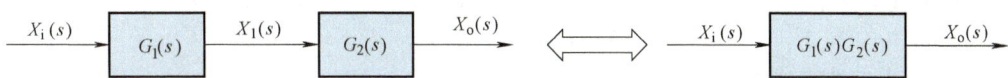

图 2.36 串联环节等效变换

若有 n 个环节串联，在无负载效应时，串联环节的等效传递函数等于各串联环节传递函数的乘积，即

$$G(s) = \prod_{i=1}^{n} G_i(s) \tag{2.48}$$

2. 并联环节的等效变换规则

各环节的输入相同，输出为各环节输出的代数和，这种连接方式称为环节的并联，如图 2.37 所示。并联连接后的传递函数为

$$G(s) = \frac{X_o(s)}{X_i(s)} = \frac{X_1(s) \pm X_2(s)}{X_i(s)} = G_1(s) \pm G_2(s)$$

若有 n 个环节并联，其总的传递函数等于各并联环节传递函数的代数和，即

$$G(s) = \sum_{i=1}^{n} G_i(s) \tag{2.49}$$

3. 反馈环节及其等效变换规则

如图 2.38a 所示的控制系统回路称为反馈环节，实际上它也是闭环系统传递函数功能图的最基本形式。单输入作用的闭环系统，无论组成系统的环节有多复杂，其传递函数功能图总可以简化成图 2.38b 所示的基本形式。

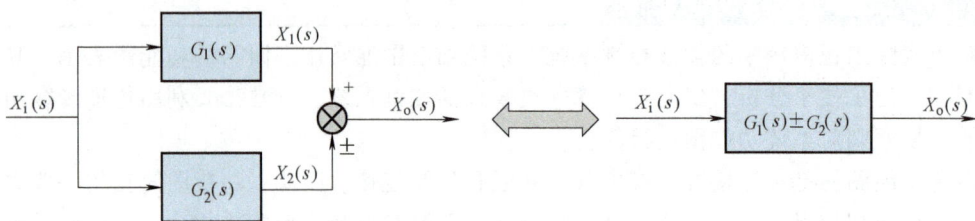

图 2.37　并联环节等效变换

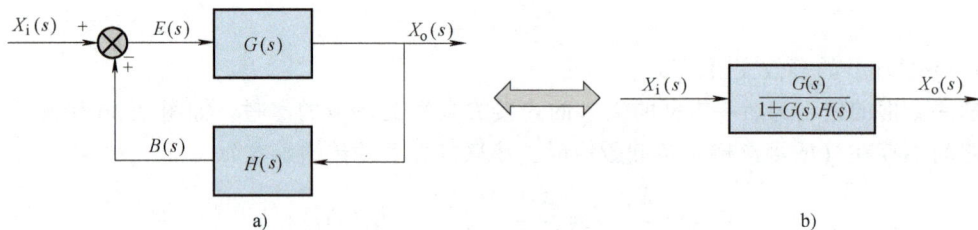

图 2.38　反馈环节等效变换

图 2.38 中，$G(s)$ 称为前向通道传递函数，它是输出 $X_o(s)$ 与偏差 $E(s)$ 之比，即

$$X_o(s) = G(s)E(s) \qquad (2.50)$$

$H(s)$ 称为反馈通道传递函数，即

$$H(s) = \frac{B(s)}{X_o(s)} \qquad (2.51)$$

前向通道传递函数 $G(s)$ 与反馈通道传递函数 $H(s)$ 的乘积称为系统的开环传递函数 $G_K(s)$，由式（2.50）和式（2.51），得出开环传递函数 $G_K(s)$ 是反馈信号 $B(s)$ 与偏差信号 $E(s)$ 之比，即

$$G_K(s) = G(s)H(s) = \frac{B(s)}{E(s)} \qquad (2.52)$$

又由图 2.38 可知

$$E(s) = X_i(s) \mp B(s) = X_i(s) \mp X_o(s)H(s)$$

代入式（2.50）中得

$$X_o(s) = G(s)E(s) = G(s)[X_i(s) \mp X_o(s)H(s)]$$
$$= G(s)X_i(s) \mp G(s)X_o(s)H(s)$$

输出信号 $X_o(s)$ 与输入信号 $X_i(s)$ 之比，称为系统的闭环传递函数 $G_B(s)$，即

$$G_B(s) = \frac{X_o(s)}{X_i(s)} = \frac{G(s)}{1 \pm G(s)H(s)} \qquad (2.53)$$

故反馈连接时，闭环传递函数由前向通道传递函数与反馈通道传递函数构成。式（2.53）中分母上的"+"号对应于负反馈，"-"号对应于正反馈。

若反馈通道传递函数 $H(s)=1$，称为单位反馈，则闭环传递函数为

$$G_B(s) = \frac{G(s)}{1 \pm G(s)} \tag{2.54}$$

4. 分支点移动规则

若分支点由方框之后移到该方框之前，为了保持移动后总的信号关系不变，应在分支通道上串入具有相同传递函数的方框，如图 2.39a 所示；若分支点由方框之前移到该方框之后，为了保持移动后总的信号关系不变，应在分支通道上串入具有相同传递函数的倒数的方框，如图 2.39b 所示。

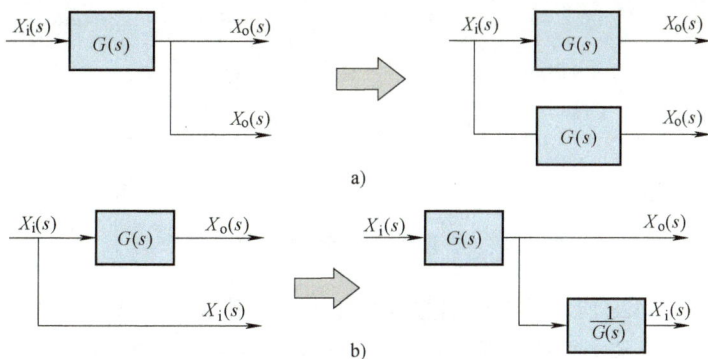

图 2.39　分支点移动规则

a）分支点前移　b）分支点后移

5. 相加点移动规则

若相加点由方框之后移到该方框之前，为了保持总的输出信号不变，应在移动的支路上串入具有相同传递函数的倒数的方框，如图 2.40a 所示。若相加点由方框之前移到该方框之后，应在移动的支路上串入具有相同传递函数的方框，如图 2.40b 所示。

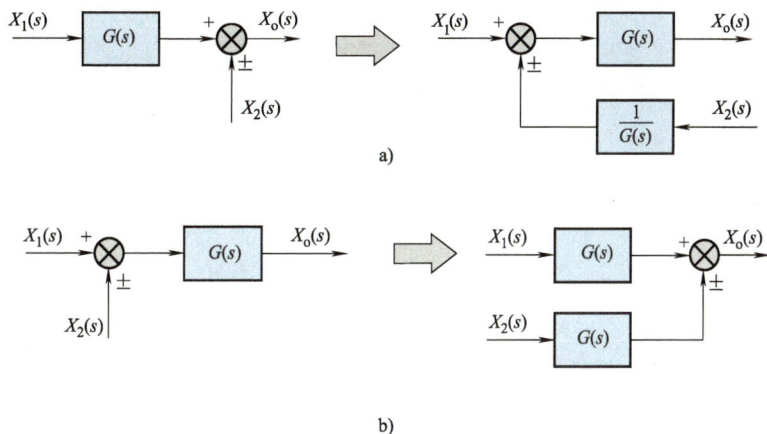

图 2.40　相加点移动规则

a）相加点前移　b）相加点后移

6. 分支点与分支点之间、相加点与相加点之间相互移动规则

分支点与分支点、相加点与相加点间的相互移动，均不改变原有的传递函数关系，因此，可以相互移动，如图 2.41 所示。但分支点与相加点之间不能相互移动，因为这种移动不是等效移动。

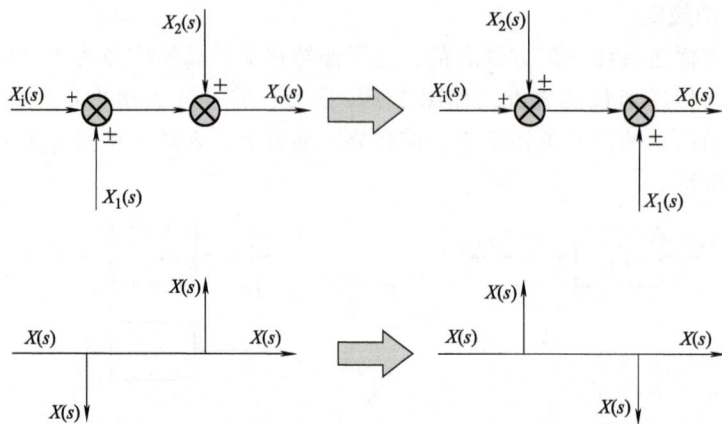

图 2.41　分支点、相加点间的移动规则

例 2.23　将图 2.42a 所示的功能图进行简化，并求传递函数 $X_o(s)/X_i(s)$。

解：功能图简化的基本思想是通过移动分支点或相加点，消除交叉连接，使其成为独立的小回路，以便用串联、并联和反馈连接的等效规则进一步简化。应先解内回路，再逐步向外回路求解，最后求得系统的闭环传递函数。其简化过程如下：

（1）图 2.42a 中出现交叉连接，可以将单一前向传递函数所在的分支点后移，利用分支点移动规则，如图 2.42a→b 所示。

（2）将重叠的两个 $H_1(s)$ 反馈回路拆开，如图 2.42b→c 所示。

（3）将 $G_2(s)$ 和 $H_1(s)$ 构成的小回路利用反馈规则简化，如图 2.42c→d 所示。

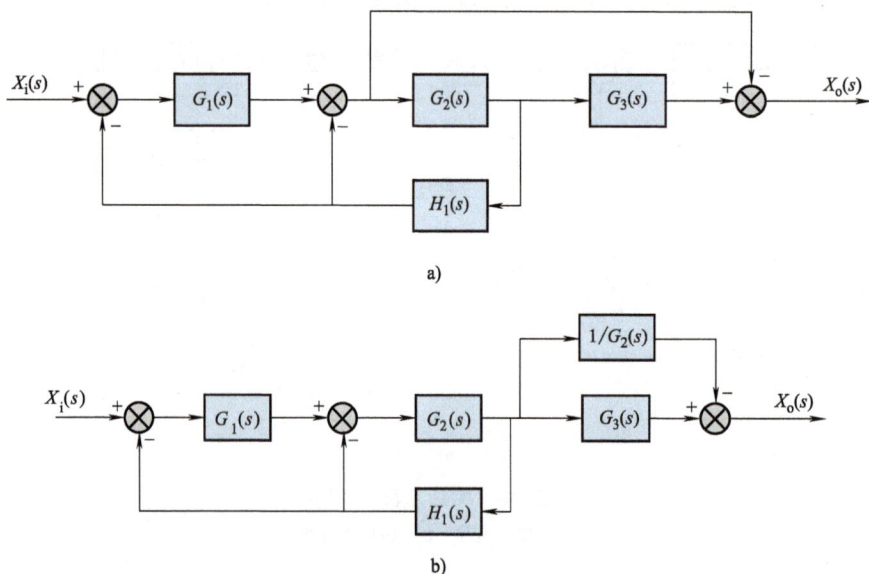

a)

b)

图 2.42　功能图简化

c)

d)

e)

f)

g)

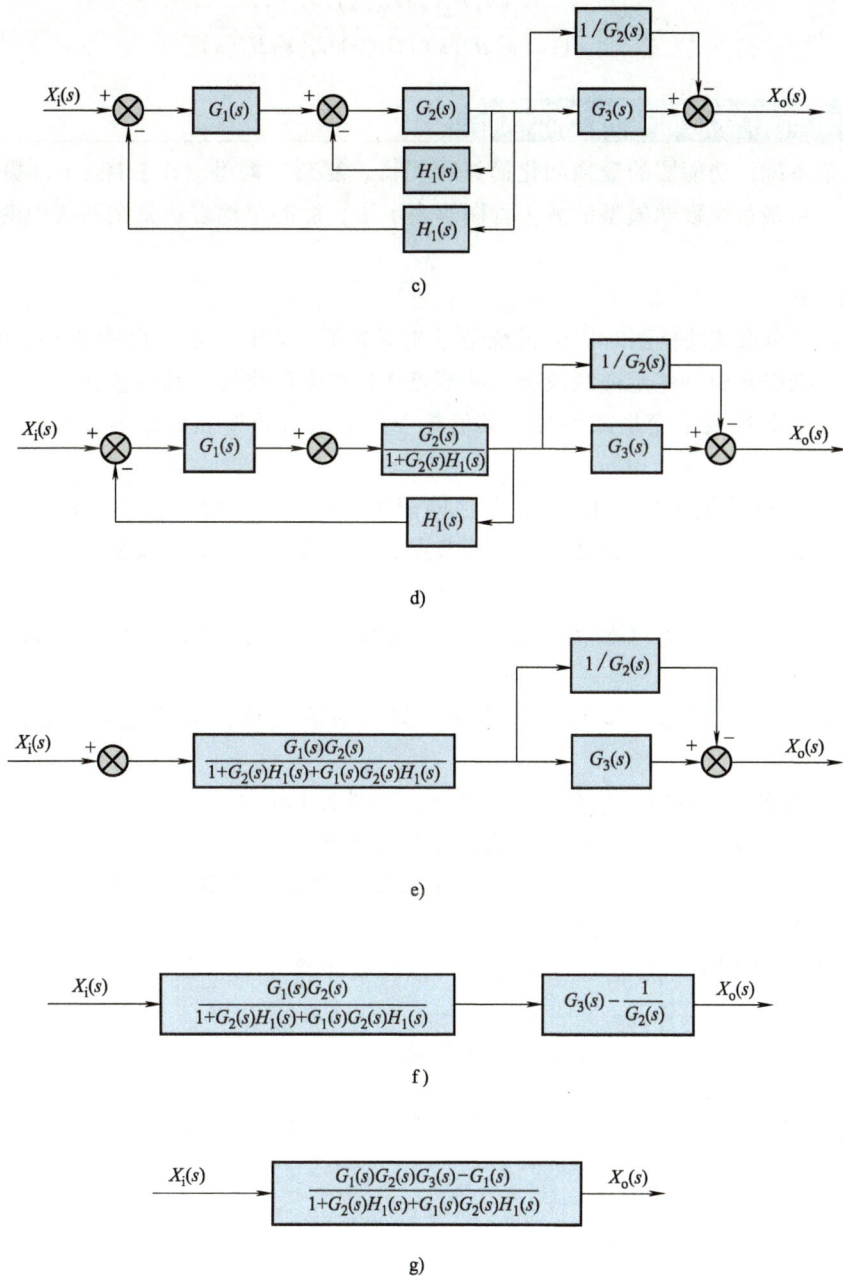

图 2.42　功能图简化 （续）

（4）将 $G_1(s)$、$H_1(s)$ 等构成的小回路利用串联规则、反馈规则简化，如图 2.42d→e 所示。

（5）再将 $G_3(s)$ 所在的小回路利用并联规则简化，如图 2.42e→f 所示。

（6）最后利用串联规则，得到单一前向传递函数，即系统的闭环传递函数，如图 2.42 f→g 所示。

简化后系统的传递函数为

$$G(s) = \frac{G_1(s)\,G_2(s)\,G_3(s) - G_1(s)}{1 + G_2(s)\,H_1(s) + G_1(s)\,G_2(s)\,H_1(s)}$$

2.5.3 系统信号流图和梅逊公式

对于复杂系统，功能图的变换和化简过程冗长、复杂。梅逊（S. J. Mason）提出了一种信号流图法，它是系统数学模型的另一种图解表示法，能简单地表达复杂系统中变量之间的关系。

1. 信号流图

图 2.43a 所示系统功能图对应的系统信号流图如图 2.43b 所示。由图 2.43b 可以看出，信号流图中的网络是由一些定向线段将一些节点连接起来组成的。其中包含：

（1）节点 用来表示变量或信号，其值等于所有进入该节点的信号之和。如图 2.43b 中的 $X_i(s)$、$E(s)$、$X_o(s)$。

（2）支路 两节点间的定向线段，其上的箭头表示信号的流向，各支路上还标明了增益，即支路上的传递函数。如图 2.43b 中从节点 $E(s)$ 到 $X_o(s)$ 为一支路，其上的 $G(s)$ 为该支路的增益。

（3）输入节点 该节点相当于自变量，只有输出支路，也称源点。如图 2.43b 中的 $X_i(s)$。

（4）输出节点 该节点对应于因变量，只有输入支路，也称汇点。如图 2.43b 中的 $X_o(s)$。

（5）混合节点 既有输入又有输出的节点。如图 2.43b 中的 $E(s)$。

（6）通路 沿支路箭头方向穿过各相连支路的路径。

（7）前向通路 从输入节点到输出节点的通路上通过任何节点不多于一次的通路。如图 2.43b 中的 $X_i(s) \rightarrow E(s) \rightarrow X_o(s)$。

（8）回路 起点与终点重合且与任何节点相交不多于一次的通路。如图 2.43b 中的 $E(s) \rightarrow X_o(s) \rightarrow E(s)$。

（9）不接触回路 没有任何公共节点的回路。

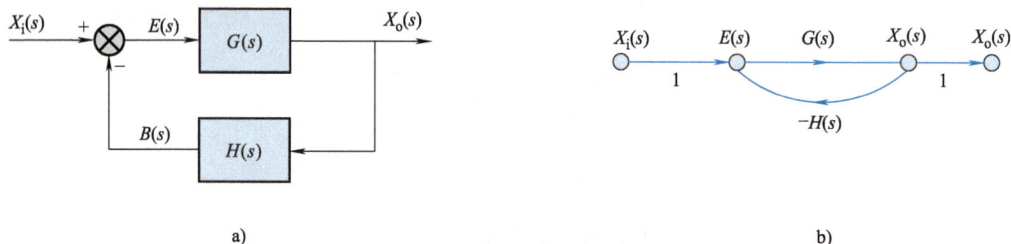

a)

b)

图 2.43 系统功能图与其对应的信号流图

绘制系统的信号流图，首先必须将描述系统的线性微分方程变换成以 s 为变量的代数方程；其次，线性代数方程组中每一个方程都要写成因果关系式，且在书写时，将作为"因"的一些变量写在等式的右端，而把"果"的变量写在等式的左端。

例 2.24 试绘制例 2.4 中两级 RC 滤波电路的信号流图。

解：根据例 2.4 电路的微分方程组，对各式分别取拉氏变换得

$$\begin{cases} I_1(s) = \dfrac{U_i(s) - U_c(s)}{R_1} \\[2mm] I_2(s) = \dfrac{U_c(s) - U_o(s)}{R_2} \\[2mm] U_o(s) = \dfrac{1}{C_2 s} I_2(s) \\[2mm] U_c(s) = \dfrac{1}{C_1 s} [I_1(s) - I_2(s)] \end{cases} \tag{2.55}$$

取 $U_i(s)$、$I_1(s)$、$U_c(s)$、$I_2(s)$、$U_o(s)$ 作为信号流图的节点，其中 $U_i(s)$ 为输入节点，$U_o(s)$ 为输出节点，按式（2.55）中方程式的顺序绘制其信号流图，如图 2.44 所示。

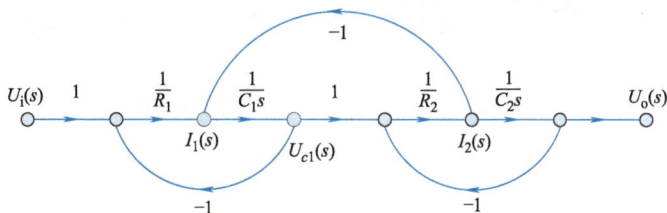

图 2.44　例 2.24 的信号流图

2. 梅逊公式

对于复杂的控制系统，应用梅逊公式可以直接求得输入量到输出量的系统传递函数。梅逊公式可表示为

$$P = \frac{1}{\Delta} \sum_k P_k \Delta_k \tag{2.56}$$

$$\Delta = 1 - \sum_a L_a + \sum_{b,c} L_b L_c - \sum_{d,e,f} L_d L_e L_f + \cdots$$

式中，P 为系统总传递函数；P_k 为第 k 条前向通道的传递函数；Δ 为流图的特征式；Δ_k 为第 k 条前向通道特征式的余因子，即在信号流图的特征式 Δ 中，将与第 k 条前向通路相接触的回路传递函数代之以零值，余下的 Δ 即为 Δ_k；$\sum\limits_a L_a$ 为所有不同回路的传递函数之和；$\sum\limits_{b,c} L_b L_c$ 为每两互不接触回路传递函数乘积之和；$\sum\limits_{d,e,f} L_d L_e L_f$ 为每三个互不接触回路传递函数乘积之和。

例 2.25　利用梅逊公式求解例 2.24 系统的传递函数。

解： 由图 2.44 的信号流图可知，该系统输入量 $U_i(s)$ 和输出量 $U_o(s)$ 之间只有一条前向通路，即 $k = 1$，其传递函数为

$$P_1 = \frac{1}{R_1} \frac{1}{C_1 s} \frac{1}{R_2} \frac{1}{C_2 s}$$

信号流图中有三个不同的回路，其传递函数分别为

$$L_1 = -\frac{1}{R_1} \frac{1}{C_1 s}, \quad L_2 = -\frac{1}{R_2} \frac{1}{C_2 s}, \quad L_3 = -\frac{1}{R_2} \frac{1}{C_1 s}$$

其中，回路 L_1 不接触回路 L_2，回路 L_1 接触回路 L_3，回路 L_2 接触回路 L_3，因此此流图特征

式为

$$\Delta = 1 - (L_1 + L_2 + L_3) + L_1 L_2$$

$$= 1 + \frac{1}{R_1 C_1 s} + \frac{1}{R_2 C_2 s} + \frac{1}{R_2 C_1 s} + \frac{1}{R_1 C_1 s} + \frac{1}{R_2 C_2 s}$$

从 Δ 中将与通路 P_1 接触的回路传递函数 L_1、L_2 和 L_3 都代以零值，即可获得余因子 Δ_1 为

$$\Delta_1 = 1$$

所以

$$\sum_k P_k \Delta_k = P_1 \Delta_1$$

系统的传递函数为

$$P = \frac{U_o(s)}{U_i(s)} = \frac{1}{\Delta} \sum_k P_k \Delta_k = \frac{1}{R_1 R_2 C_1 C_2 s^2 + (R_1 C_1 + R_2 C_2 + R_1 C_2)s + 1}$$

2.6　控制系统传递函数推导

例2.26　组合机床动力滑台铣平面时的情况如图 2.45a 所示。当切削力 $f_i(t)$ 变化时，滑台可能产生振动，从而降低被加工件的表面质量和精度，产生误差位移 $y_o(t)$。试求该系统的传递函数。

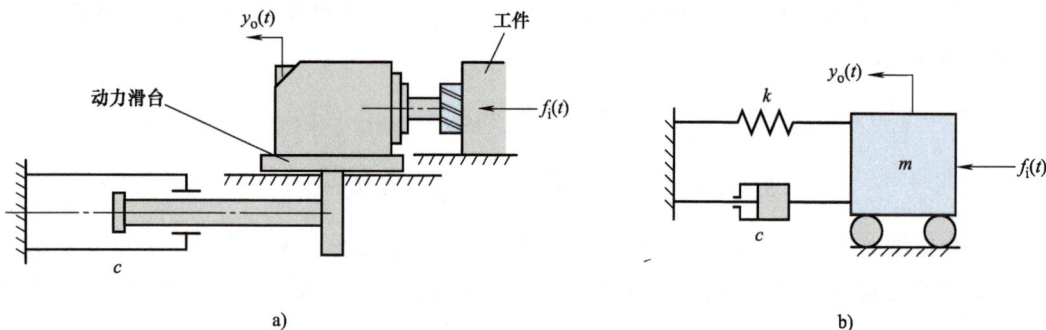

图 2.45　组合机床动力滑台及其力学模型

解：将动力滑台连同铣刀抽象成如图 2.45b 所示的质量-弹簧-阻尼系统的力学模型。m 为受控质量，k 为弹性刚度，c 为黏性阻尼系数。

根据牛顿第二定律，有

$$f_i(t) - c \frac{dy_o(t)}{dt} - k y_o(t) = m \frac{d^2 y_o(t)}{dt^2}$$

整理后，得

$$m \frac{d^2 y_o(t)}{dt^2} + c \frac{dy_o(t)}{dt} + k y_o(t) = f_i(t)$$

经拉氏变换得到系统的传递函数

$$G(s) = \frac{Y_o(s)}{F_i(s)} = \frac{1}{ms^2 + cs + k}$$

例 2.27 在图 2.46 所示的机电系统中，$u(t)$ 为输入电压，$x(t)$ 为输出位移。R 和 L 分别为绕组的电阻与电感，m 为质量块的质量，k 为弹簧的刚度，c 为阻尼器的阻尼系数，功率放大器为一理想放大器，其增益为 K。试列写该系统的传递函数。

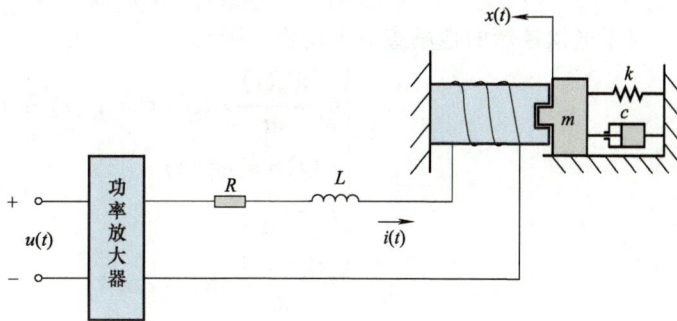

图 2.46 机电系统

解： 该机电系统由电气系统和机械系统两部分组成。其工作原理是将电能转变为机械能，电磁力将电气系统和机械系统联系起来，是这两个部分的关联物理量。假设绕组的反电动势为 $e = k_2 \mathrm{d}x(t)/\mathrm{d}t$，绕组电流 $i(t)$ 在质量块上产生的电磁力为 $k_2 i(t)$，初始条件均为零。

对于电气系统，根据基尔霍夫定律，有

$$Ku(t) = Ri(t) + L\frac{\mathrm{d}i(t)}{\mathrm{d}t} + e$$

$$e = k_2 \frac{\mathrm{d}x(t)}{\mathrm{d}t}$$

对于机械系统，根据牛顿第二定律，有

$$k_2 i(t) - c\frac{\mathrm{d}x(t)}{\mathrm{d}t} - kx(t) = m\frac{\mathrm{d}^2 x(t)}{\mathrm{d}t^2}$$

对上述式子分别取拉氏变换，并消去中间变量 $I(s)$，得到系统的传递函数

$$G(s) = \frac{X(s)}{U(s)} = \frac{k_2 K}{mLs^3 + (mR + cL)s^2 + (k_2^2 + cR + kL)s + kR}$$

例 2.28 图 2.47 所示为打印机中打印轮直流伺服系统的原理图，试求该系统工作在位置控制方式时的传递函数。

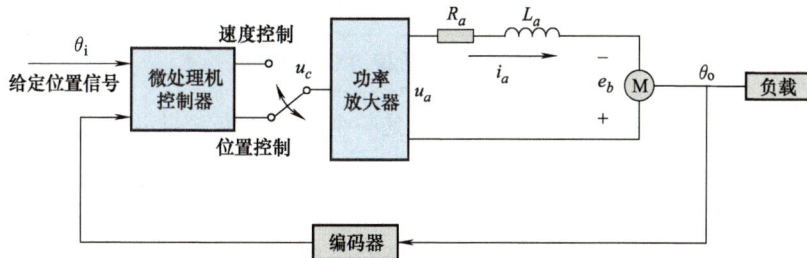

图 2.47 直流伺服系统的原理图

解： 在位置控制方式时，控制器将编码器的输出与给定位置信号进行比较得到偏差信号，再输出与该偏差信号成比例的控制信号。设编码器增益为 1，则有

$$e(t) = \theta_\mathrm{i}(t) - \theta_\mathrm{o}(t) \tag{2.57}$$

$$u_c(t) = K_c e(t) \tag{2.58}$$

式中，K_c 为控制器增益。

对于增益为 K_a 的功率放大器，则有

$$u_a(t) = K_a u_c(t) \tag{2.59}$$

对于电枢控制的他励直流电动机，则有

$$\begin{cases} L_a \dfrac{\mathrm{d}i_a(t)}{\mathrm{d}t} + R_a i_a(t) = u_a(t) - e_b(t) \\[2mm] e_b(t) = K_b \omega_m(t) \\[2mm] T_m = C_m i_a(t) \\[2mm] J \dfrac{\mathrm{d}\omega_m(t)}{\mathrm{d}t} + B \omega_m(t) = T_m \end{cases} \tag{2.60}$$

式中，K_b 为电动机的反电动势常数；C_m 为电动机的转矩常数；ω_m 为电动机转速；T_m 为电动机的输出转矩；J 为折算到电动机轴上的总转动惯量；B 为折算到电动机轴上的总黏性阻尼系数。

电动机输出量为

$$\frac{\mathrm{d}\theta_m(t)}{\mathrm{d}t} = \omega_m(t) \tag{2.61}$$

$$\theta_o(t) = \theta_m(t) \tag{2.62}$$

将式（2.57）~式（2.62）进行拉氏变换，得到以 $\Theta_i(s)$ 为输入、$\Theta_o(s)$ 为输出的直流位置伺服系统功能图，如图 2.48 所示。

将图 2.48 所示的系统功能图简化，得到系统的闭环传递函数为

$$G(s) = \frac{\Theta_o(s)}{\Theta_i(s)} = \frac{K_c K_a C_m}{R_a B s (T_a s + 1)(T s + 1) + K_b C_m s + K_c K_a C_m} \tag{2.63}$$

式中，$T_a = L_a / R_a$；$T = J / B$。

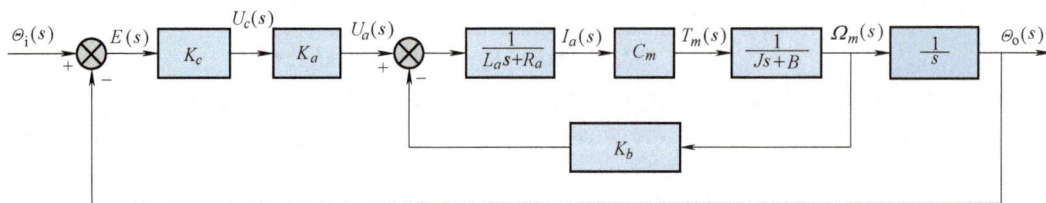

图 2.48 直流位置伺服系统功能图

由式（2.63）可知，打印轮位置伺服系统是一个三阶系统。若 $T_a \approx 0$，则闭环传递函数可简化为

$$G(s) = \frac{\Theta_o(s)}{\Theta_i(s)} = \frac{K_c K_a C_m}{R_a J s^2 + (K_b C_m + R_a B) s + K_c K_a C_m} \tag{2.64}$$

这时伺服系统转化为二阶系统，将式（2.64）写成标准形式为

$$G(s) = \frac{\omega_n^2}{s^2 + 2\xi \omega_n s + \omega_n^2}$$

式中，$\omega_n = \sqrt{\dfrac{K_c K_a C_m}{R_a J}}$ 为固有频率，$\xi = \dfrac{K_b C_m + R_a B}{2\sqrt{K_c K_a C_m R_a J}}$ 为阻尼比。

习 题

2.1 什么是系统的数学模型？常用的数学模型有哪些？

2.2 什么是线性系统？简述其具有的特性。

2.3 简述传递函数的定义和性质。

2.4 求下列函数的拉氏变换。

（1） $f(t) = \cos\left(6t + \dfrac{\pi}{3}\right) u(t)$

（2） $f(t) = \left[7\sin\left(2t - \dfrac{\pi}{4}\right)\right] u\left(t - \dfrac{\pi}{8}\right) + e^{-2t} u(t)$

（3） $f(t) = e^{-5t}\left(1 - \dfrac{1}{2}\sin 3t\right) u(t)$

2.5 已知 $F(s) = \dfrac{2}{s(s+5)}$，利用终值定理，求 $t \to \infty$ 时 $f(t)$ 的值。

2.6 求下列函数的拉氏逆变换。

（1） $F(s) = \dfrac{s+7}{(s+3)(s+5)}$

（2） $F(s) = \dfrac{4}{s^2 - 2s + 5}$

（3） $F(s) = \dfrac{s+5}{s(s+1)^2}$

2.7 求题 2.7 图所示机械系统的微分方程和传递函数。

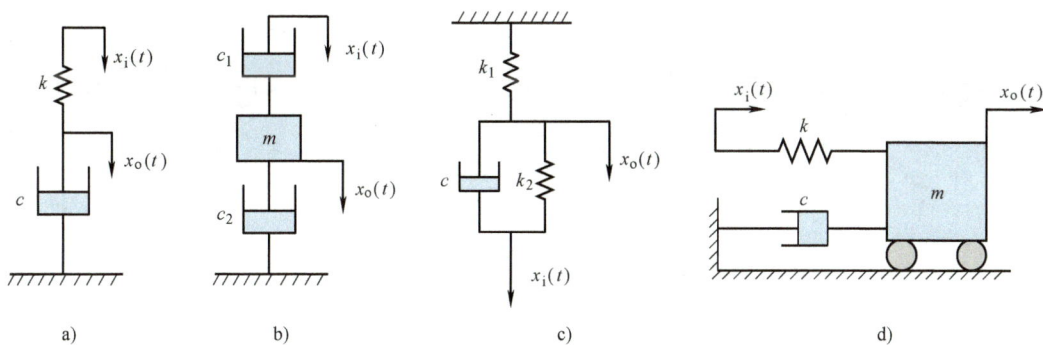

题 2.7 图 机械系统

2.8 求题 2.8 图所示电气系统的微分方程和传递函数。

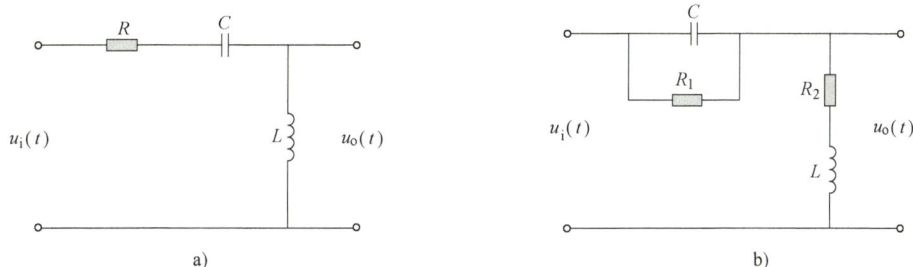

题 2.8 图 电气系统

2.9 简化题 2.9 图所示系统的功能图，并求其系统的传递函数 $G(s) = X_o(s)/X_i(s)$。

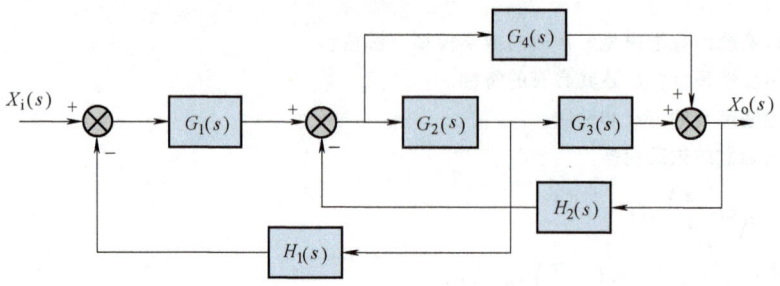

a)

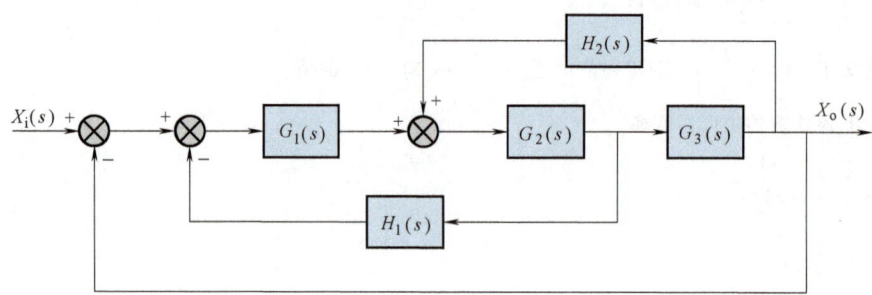

b)

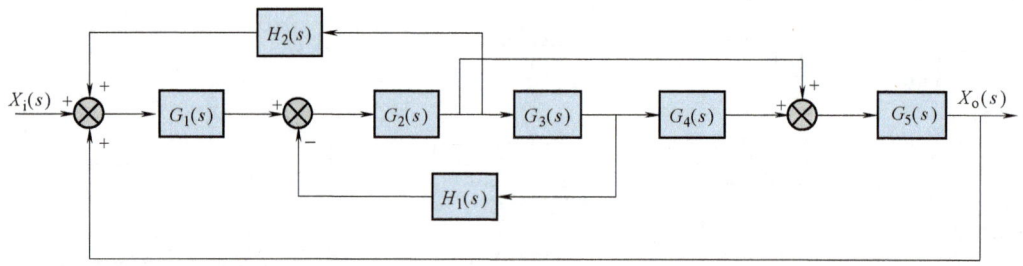

c)

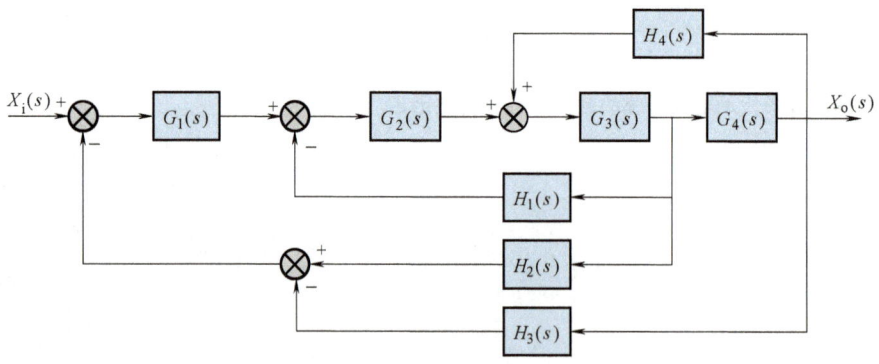

d)

题 2.9 图 功能图

2.10 题 2.10 图所示为系统的信号流图，应用梅逊公式求总的传递函数。

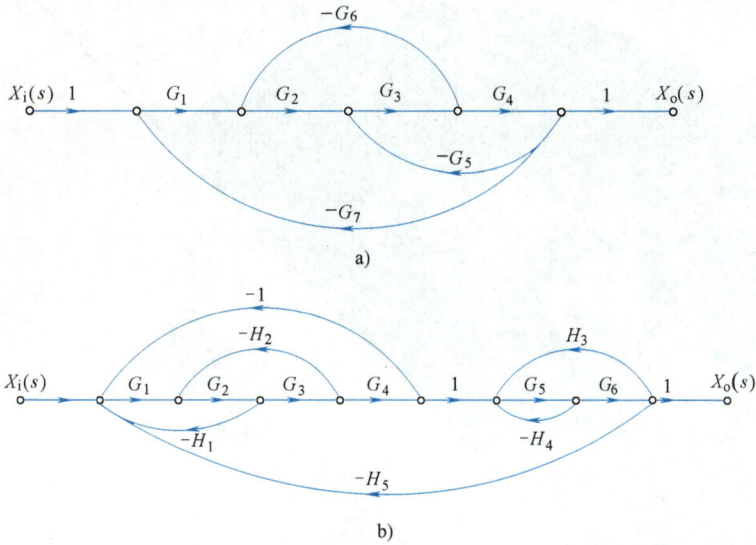

a)

b)

题 2.10 图 信号流图

科学家精神

"两弹一星"功勋科学家：
王大珩

科学家精神

"两弹一星"功勋科学家：
王希季

第 3 章

系统的时域分析

在实际控制系统的数学模型建立之后，通常可以采用不同的方法对控制系统的动态性能和稳态性能进行分析，进而得出改进系统性能的方法。对于线性定常系统，常用的分析方法有时域分析法、频域分析法和根轨迹法。本章主要研究线性定常系统的时域分析法。

3.1 概　　述

时域分析法就是根据系统的微分方程，对一个特定的输入信号，通过拉氏变换，直接解出系统的时间响应，再根据响应的表达式及对应曲线来分析系统的稳定性、准确性、快速性等性能。用时域分析法分析系统性能具有直接、准确、易于接受等特点，是经典控制理论中进行系统性能分析的一种重要方法。

3.1.1 时间响应及其组成

时间响应是指在输入信号作用下，系统输出随时间变化的过程。一个实际系统的时间响应由瞬态响应和稳态响应两部分组成，如图 3.1 所示。

瞬态响应是系统在某一输入信号作用下，其输出量从初始状态到稳定状态的响应过程，也称动态响应，反映了控制系统的稳定性和快速性。

稳态响应是系统在某一输入信号作用下，在时间 t 趋于无穷时的输出状态，也称静态响应，反映了系统的准确性。

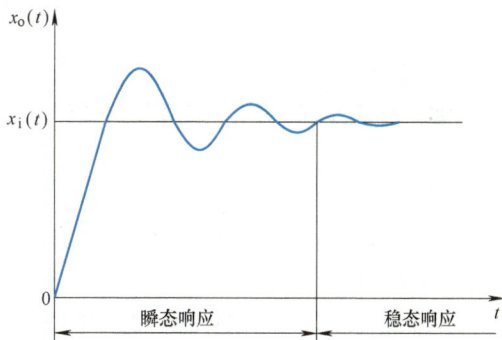

图 3.1　系统的时间响应

3.1.2 典型输入信号

控制系统的动态性能是通过某输入信号作用下系统的瞬态响应过程来评价的。时间响应不仅取决于系统本身的特性，而且还与输入信号的形式有关。一般情况下，控制系统的实际输入信号预先是未知的，且多数情况下可能是随机的。因此，为了便于对系统分析和设计，通常预先选定一些典型的实验信号作为系统的输入信号，然后比较各种控制系统对这些典型输入信号的响应，并以此作为对各种控制系统性能进行比较的基础。

典型信号选择的原则是：信号应具有典型性，能反映系统工作的大部分实际情况；信号的数学表达式简单，便于数学上的分析和处理；信号能使系统在最不利的情况下工作；信号易于在实验室中获得。

在时域分析中，常用以下五种信号作为典型的输入信号。

1. 脉冲信号

脉冲信号可视为一个持续时间极短的信号，其数学表达式为

$$x_i(t) = \begin{cases} 0 & t<0, t>\varepsilon \\ A/\varepsilon & 0<t<\varepsilon \end{cases} \tag{3.1}$$

式中，A 为常数，当 $A=1$，$\varepsilon \to 0$ 时，称为单位脉冲信号，如图 3.2a 所示，用 $\delta(t)$ 表示。

2. 阶跃信号

阶跃信号表示输入量的一个瞬间突变过程。实际工作中，模拟电源突然接通、负载突然变化、指令突然转换等都近似于阶跃信号，是评价系统瞬态性能时应用较多的一种典型信号。其数学表达式为

$$x_i(t) = \begin{cases} 0 & t < 0 \\ A & t \geqslant 0 \end{cases} \tag{3.2}$$

式中，A 为常数，当 $A = 1$ 时，称为单位阶跃信号，如图 3.2b 所示，用 $u(t)$ 表示。

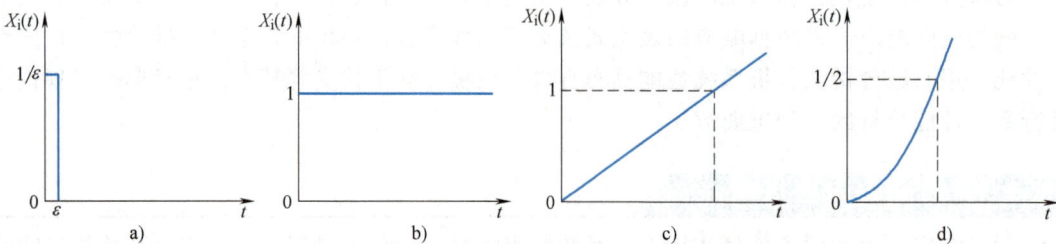

图 3.2　典型输入信号

3. 斜坡信号

斜坡信号表示输入量由零值开始随时间 t 做线性增长，也称速度信号。其数学表达式为

$$x_i(t) = \begin{cases} 0 & t < 0 \\ At & t \geqslant 0 \end{cases} \tag{3.3}$$

式中，A 为常数，当 $A = 1$ 时，称为单位斜坡信号，如图 3.2c 所示，用 $r(t)$ 表示。

4. 加速度信号

加速度信号表示输入量是等加速度变化的，也称抛物线信号。其数学表达式为

$$x_i(t) = \begin{cases} 0 & t < 0 \\ \dfrac{1}{2}At^2 & t \geqslant 0 \end{cases} \tag{3.4}$$

式中，A 为常数，当 $A = 1$ 时，称为单位加速度信号，如图 3.2d 所示，用 $a(t)$ 表示。

5. 正弦信号

用正弦函数作为输入信号，其数学表达式为

$$x_i(t) = \begin{cases} 0 & t < 0 \\ A\sin\omega t & t \geqslant 0 \end{cases} \tag{3.5}$$

正弦信号主要用于求取系统的频率响应，以此分析和设计控制系统。

3.2　一阶系统的时间响应

能够用一阶微分方程描述的系统称为一阶系统，其典型形式是惯性环节。如 RC 电路、液面控制系统等都是一阶系统。一阶系统的微分方程和传递函数的表达式分别为

$$T\frac{\mathrm{d}x_o(t)}{\mathrm{d}t} + x_o(t) = x_i(t)$$

$$G(s) = \frac{X_o(s)}{X_i(s)} = \frac{1}{Ts+1} \qquad (3.6)$$

式中，T 为时间常数，反映了系统的固有特性，称为一阶系统的特征参数，与输入信号无关。

3.2.1 一阶系统的单位脉冲响应

系统在单位脉冲信号作用下的输出称为单位脉冲响应。

当输入信号 $x_i(t) = \delta(t)$ 时，$X_i(s) = L[\delta(t)] = 1$，则

$$X_o(s) = G(s)X_i(s) = \frac{1}{Ts+1} \times 1$$

对上式进行拉氏逆变换得

$$x_o(t) = L^{-1}[X_o(s)] = L^{-1}\left[\frac{1}{Ts+1}\right]$$

则

$$x_o(t) = \frac{1}{T}e^{-\frac{1}{T}t} \quad (t \geq 0) \qquad (3.7)$$

根据式（3.7）可以得出表 3.1 的数据，对应的响应曲线如图 3.3 所示。由此可以得出：

（1）响应曲线是一条单调下降的指数曲线，初值为 $1/T$，当 t 趋于无穷时，其值趋于零，即稳态响应为零。

（2）时间常数 T 越小，调整时间越短，说明系统的惯性越小，对输入信号反应的快速性能越好。

（3）指数曲线衰减到初值的 2% 之前的过程定义为过渡过程，相应的时间为 $4T$，此时间称为过渡过程时间或调整时间 t_s。

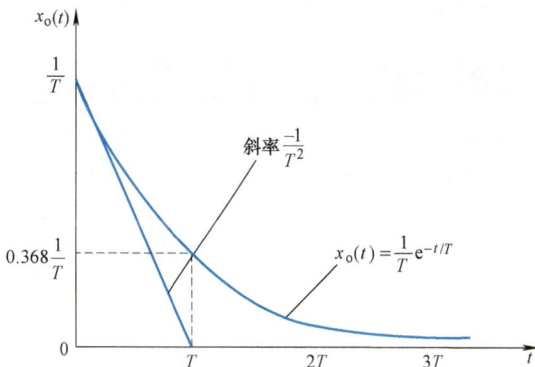

图 3.3 一阶系统的单位脉冲响应

表 3.1 一阶系统的单位脉冲响应

t	T	$2T$	$3T$	$4T$	$\cdots$	∞
$x_o(t)$	$0.368/T$	$0.135/T$	$0.05/T$	$0.018/T$	$\cdots$	0

3.2.2 一阶系统的单位阶跃响应

系统在单位阶跃信号作用下的输出称为单位阶跃响应。

当输入信号 $x_i(t) = u(t) = 1(t)$ 时，$X_i(s) = L[1(t)] = 1/s$，则

$$X_o(s) = G(s)X_i(s) = \frac{1}{Ts+1} \cdot \frac{1}{s} = \frac{1}{s} - \frac{T}{Ts+1}$$

上式取拉氏逆变换后得

$$x_o(t) = L^{-1}[X_o(s)] = 1 - e^{-t/T} \quad (t \geq 0) \qquad (3.8)$$

根据式（3.8）可以得出表 3.2 的数据，对应的响应曲线如图 3.4 所示。由此可以得出：

（1）单位阶跃响应曲线是一条单调上升的指数曲线，稳态值为 1。瞬态响应过程平稳，无振荡。

（2）当 $t = T$ 时，响应为稳态值的 63.2%，因此用实验方法测出响应曲线到达稳态值的 63.2% 时所用的时间即为惯性环节的时间常数 T。

（3）当 $t = 0$ 时，响应曲线的切线斜率为 $1/T$，这是确定时间常数 T 的另一种方法。

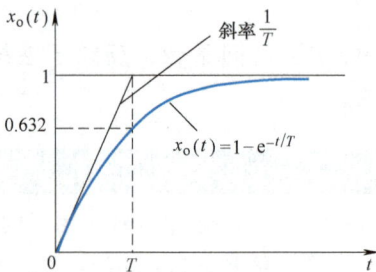
图 3.4　一阶系统的单位阶跃响应

（4）当 $t \geq 4T$ 时，响应曲线已达到稳态值的 98% 以上，工程上认为瞬态响应过程结束，系统的过渡过程时间 $t_s = 4T$。这与单位脉冲响应的过渡过程时间相同，说明时间常数 T 反映了一阶系统的固有特性，T 越小，系统的惯性越小，响应过程越快。

表 3.2　一阶系统的单位阶跃响应

t	T	$2T$	$3T$	$4T$	$5T$	$\cdots$	∞
$x_o(t)$	0.632	0.865	0.95	0.982	0.993	$\cdots$	1

3.2.3　一阶系统的单位斜坡响应

系统在单位斜坡信号作用下的输出称为单位斜坡响应。

当输入信号 $x_i(t) = r(t) = t$ 时，$X_i(s) = L[r(t)] = 1/s^2$，则

$$X_o(s) = G(s)X_i(s) = \frac{1}{Ts+1}\frac{1}{s^2} = \frac{1}{s^2} - \frac{T}{s} + \frac{T}{s+1/T}$$

上式取拉氏逆变换后得

$$x_o(t) = L^{-1}[X_o(s)] = t - T + Te^{-t/T} \quad (t \geq 0) \qquad (3.9)$$

一阶系统的单位斜坡响应曲线如图 3.5 所示。由此可以得出：

（1）单位斜坡响应曲线是一条由零开始逐渐变为等速变化的曲线，由瞬态响应和稳态响应两部分组成。

（2）稳态响应仍为单位斜坡函数，但比系统的输入信号滞后一个时间常数 T。

（3）瞬态响应为衰减的指数函数，当时间趋于无穷大时，瞬态响应为零。

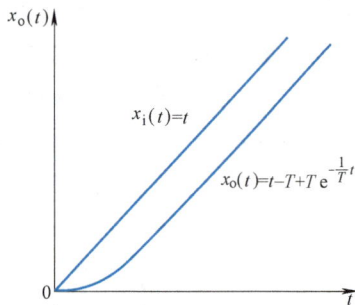
图 3.5　一阶系统的单位斜坡响应

3.2.4　线性定常系统时间响应的性质

已知单位脉冲信号 $\delta(t)$、单位阶跃信号 $u(t)$ 和单位速度信号 $r(t)$ 之间的关系为

$$\delta(t) = \frac{d}{dt}[u(t)]$$

$$u(t)=\frac{\mathrm{d}}{\mathrm{d}t}\big[\,r(t)\,\big]$$

三种信号时间响应的关系由式 (3.7) ~式 (3.9) 可知

$$x_{o\delta}(t)=\frac{\mathrm{d}}{\mathrm{d}t}\big[\,x_{ou}(t)\,\big]$$

$$x_{ou}(t)=\frac{\mathrm{d}}{\mathrm{d}t}\big[\,x_{or}(t)\,\big]$$

可见三种典型信号之间存在着微分和积分关系，它们的时间响应也存在着同样的微分和积分关系。因此系统对输入信号导数的响应，可以通过系统对该输入信号响应的导数来求得；系统对输入信号积分的响应，可以通过系统对该输入信号响应的积分来求得，其积分常数由初始条件确定。这是线性定常系统时间响应的一个重要性质，即如果系统的输入信号存在微分和积分关系，则系统的时间响应也存在对应的微分和积分关系。

3.3 二阶系统的时间响应

能够用二阶微分方程描述的系统为二阶系统，其典型形式是振荡环节。很多实际系统都是二阶系统，许多高阶系统在一定条件下也可以近似地简化为二阶系统来研究。因此，分析二阶系统响应具有重要的实际意义。二阶系统的微分方程和传递函数的表达式分别为

$$\frac{\mathrm{d}^2 x_o(t)}{\mathrm{d}t^2}+2\xi\omega_n\frac{\mathrm{d}x_o(t)}{\mathrm{d}t}+\omega_n^2 x_o(t)=\omega_n^2 x_i(t)$$

$$G(s)=\frac{X_o(s)}{X_i(s)}=\frac{\omega_n^2}{s^2+2\xi\omega_n s+\omega_n^2} \tag{3.10}$$

式中，ω_n 为无阻尼固有频率；ξ 为阻尼比。ω_n 和 ξ 是二阶系统的特征参数，它们表明了二阶系统本身与外界无关的特性。

令传递函数的分母等于 0，得到二阶系统的特征方程为

$$s^2+2\xi\omega_n s+\omega_n^2=0$$

该方程的两个特征根，也是系统传递函数的极点为

$$s_{1,2}=-\xi\omega_n\pm\omega_n\sqrt{\xi^2-1} \tag{3.11}$$

显然，极点只与固有频率 ω_n 和阻尼比 ξ 有关，特别是随着阻尼比 ξ 取值的不同，极点的性质也各不相同。

(1) 欠阻尼 ($0<\xi<1$) 系统　特征根为一对共轭复数，即系统具有一对共轭复极点

$$s_{1,2}=-\xi\omega_n\pm\mathrm{j}\omega_n\sqrt{1-\xi^2}=-\xi\omega_n\pm\mathrm{j}\omega_d$$

式中，$\omega_d=\omega_n\sqrt{1-\xi^2}$，称为二阶系统的有阻尼固有频率。此时极点位于复平面 $[s]$ 的左半平面，关于实轴对称。

(2) 临界阻尼 ($\xi=1$) 系统　特征根为两个相等的负实数

$$s_{1,2}=-\omega_n$$

系统具有两个相等的负实数极点，位于复平面 $[s]$ 的负实轴上。

（3）过阻尼（$\xi > 1$）系统　特征根为两个不相等的实数

$$s_{1,2} = -\xi\omega_n \pm \omega_n\sqrt{\xi^2-1}$$

系统具有两个不相等的负实数极点，位于复平面 [s] 的负实轴上。

（4）无阻尼（$\xi = 0$）系统　特征根为一对共轭纯虚数

$$s_{1,2} = \pm j\omega_n$$

系统具有一对共轭虚数极点，位于复平面 [s] 的虚轴上，关于实轴对称。

3.3.1　二阶系统的单位阶跃响应

当输入信号 $x_i(t) = u(t) = 1(t)$ 时，$X_i(s) = L[1(t)] = 1/s$，则

$$X_o(s) = G(s)X_i(s) = \frac{\omega_n^2}{s^2+2\xi\omega_n s+\omega_n^2}\frac{1}{s} \tag{3.12}$$

$$= \frac{1}{s} - \frac{s+2\xi\omega_n}{s^2+2\xi\omega_n s+\omega_n^2}$$

下面分别讨论二阶系统不同阻尼比时的单位阶跃响应。

（1）欠阻尼（$0 < \xi < 1$）　两个特征根为 $s_{1,2} = -\xi\omega_n \pm j\omega_d$，由式（3.12）得

$$X_o(s) = \frac{1}{s} - \frac{s+\xi\omega_n}{s+\xi\omega_n+j\omega_d} - \frac{\xi\omega_n}{s+\xi\omega_n-j\omega_d}$$

$$= \frac{1}{s} - \frac{s+\xi\omega_n}{(s+\xi\omega_n)^2+\omega_d^2} - \frac{\xi}{\sqrt{1-\xi^2}}\frac{\omega_n\sqrt{1-\xi^2}}{(s+\xi\omega_n)^2+\omega_d^2}$$

利用正弦、余弦函数的拉氏变换和拉氏变换的性质，对上式取拉氏逆变换，得到时间响应

$$x_o(t) = 1 - e^{-\xi\omega_n t}\left(\cos\omega_d t + \frac{\xi}{\sqrt{1-\xi^2}}\sin\omega_d t\right) \quad (t \geq 0) \tag{3.13}$$

利用正弦函数和角公式，有

$$x_o(t) = 1 - \frac{e^{-\xi\omega_n t}}{\sqrt{1-\xi^2}}\sin\left(\omega_d t + \arctan\frac{\sqrt{1-\xi^2}}{\xi}\right) \quad (t \geq 0) \tag{3.14}$$

ξ 取不同值时，二阶系统的单位阶跃响应如图 3.6 所示。由图 3.6 可知，欠阻尼系统的单位阶跃响应由两部分组成：稳态分量为 1；瞬态分量是一个以 ω_d 为频率的衰减正弦振荡过程，最终衰减为 0。瞬态分量衰减的快慢和振荡特性取决于 ω_n 和 ξ，随着阻尼比 ξ 的减小，其振荡幅值增大。

（2）临界阻尼（$\xi = 1$）　特征根为 $s_{1,2} = -\omega_n$，由式（3.12）得

$$X_o(s) = \frac{1}{s} - \frac{\omega_n}{(s+\omega_n)^2} - \frac{1}{s+\omega_n}$$

对上式取拉氏逆变换，得到时间响应

$$x_o(t) = 1 - (1+\omega_n t)e^{-\omega_n t} \quad (t \geq 0) \tag{3.15}$$

临界阻尼时，响应为单调上升的指数曲线，既无超调也无振荡，如图 3.6 所示。

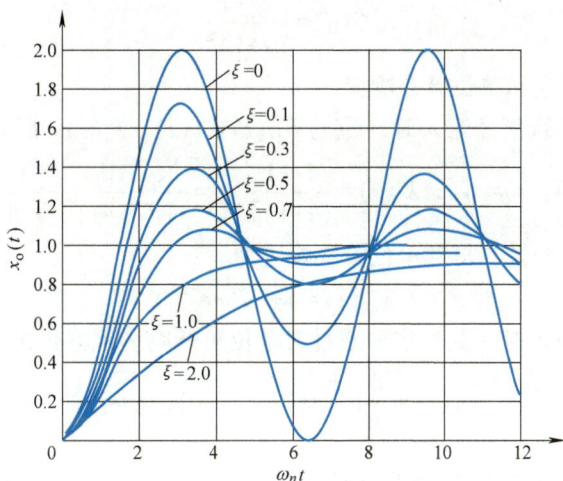

图 3.6 二阶系统的单位阶跃响应

（3）过阻尼（$\xi>1$）　特征根为 $s_{1,2}=-\xi\omega_n\pm\omega_n\sqrt{\xi^2-1}$，由式（3.12）得

$$X_o(s)=\frac{1}{s}+\frac{A_1}{s+\xi\omega_n-\omega_n\sqrt{\xi^2-1}}+\frac{A_2}{s+\xi\omega_n+\omega_n\sqrt{\xi^2-1}} \tag{3.16}$$

式中，$A_1=\dfrac{-1}{2\sqrt{\xi^2-1}(\xi-\sqrt{\xi^2-1})}$；$A_2=\dfrac{1}{2\sqrt{\xi^2-1}(\xi+\sqrt{\xi^2-1})}$。

对式（3.16）取拉氏逆变换，得到时间响应

$$x_o(t)=1+\frac{1}{2\sqrt{\xi^2-1}(\xi+\sqrt{\xi^2-1})}e^{-(\xi+\sqrt{\xi^2-1})\omega_n t}$$

$$-\frac{1}{2\sqrt{\xi^2-1}(\xi-\sqrt{\xi^2-1})}e^{-(\xi-\sqrt{\xi^2-1})\omega_n t} \quad(t\geqslant 0) \tag{3.17}$$

过阻尼时，响应也是一条单调上升的指数曲线，系统没有超调，也无振荡，如图 3.6 所示，但其响应速度比临界阻尼时缓慢，过渡过程时间较长。

（4）无阻尼（$\xi=0$）　特征根为 $s_{1,2}=\pm j\omega_n$，由式（3.12）得

$$X_o(s)=\frac{1}{s}-\frac{s}{s^2+\omega_n^2}$$

对上式取拉氏逆变换，得到时间响应

$$x_o(t)=1-\cos\omega_n t \quad(t\geqslant 0) \tag{3.18}$$

无阻尼时，响应呈等幅振荡，平均值为 1，振荡频率为 ω_n。

从上面的分析可以看出，在欠阻尼系统中，当 $\xi=0.4\sim0.8$ 时，其过渡过程时间比临界阻尼时更短，而且振荡不太严重。因此，一般希望二阶系统工作在 $\xi=0.4\sim0.8$ 的欠阻尼状态。由于决定过渡过程特性的是瞬态响应部分，所以合适的过渡过程实际上是选择合适的瞬态响应，也就是选择合适的特征参数 ω_n 和 ξ 值。

例 3.1　已知系统的传递函数为

$$G(s) = \frac{2s+1}{(s+1)^2}$$

试求该系统单位阶跃响应和单位脉冲响应。

解：（1）当单位阶跃信号输入时，$x_i(t) = u(t) = 1(t)$，$X_i(s) = L[1(t)] = 1/s$，则

$$X_o(s) = G(s)X_i(s) = \frac{2s+1}{(s+1)^2}\frac{1}{s} = \frac{1}{s} + \frac{1}{(s+1)^2} - \frac{1}{s+1}$$

将上式进行拉氏逆变换，得到单位阶跃响应为

$$x_{ou}(t) = 1 + te^{-t} - e^{-t}$$

（2）当单位脉冲输入时，其响应可通过对单位阶跃响应求导得出

$$x_{o\delta}(t) = \frac{d}{dt}[1 + te^{-t} - e^{-t}] = 2e^{-t} - te^{-t}$$

3.3.2 二阶系统响应的性能指标

对控制系统的基本要求是响应过程的稳定性、准确性和快速性。控制系统的性能指标是评价系统动态品质的定量指标。通常以二阶系统在欠阻尼状态下的单位阶跃响应形式给出，如图3.7所示，主要有上升时间 t_r、峰值时间 t_p、最大超调量 M_p、调整时间 t_s 以及振荡次数 N 等。

（1）上升时间 t_r 响应曲线从原始工作状态出发，首次达到稳态值所需要的时间称为上升时间。对于过阻尼系统，上升时间定义为响应曲线从稳态值的 10% 上升到 90% 所需的时间。

由式（3.14）知

$$x_o(t) = 1 - \frac{e^{-\xi\omega_n t}}{\sqrt{1-\xi^2}}\sin\left(\omega_d t + \arctan\frac{\sqrt{1-\xi^2}}{\xi}\right) \quad (t \geq 0)$$

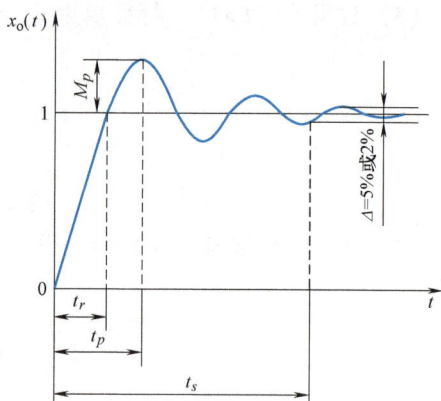

图 3.7 二阶系统响应的性能指标

将 $x_o(t_r) = 1$ 代入上式，得

$$1 = 1 - \frac{e^{-\xi\omega_n t_r}}{\sqrt{1-\xi^2}}\sin\left(\omega_d t_r + \arctan\frac{\sqrt{1-\xi^2}}{\xi}\right)$$

因 $e^{-\xi\omega_n t_r} \neq 0$，又令 $\beta = \arctan(\sqrt{1-\xi^2}/\xi)$，有

$$\sin(\omega_d t_r + \beta) = 0$$

由于 t_r 为 $x_o(t)$ 首次到达其稳态值的时间，故

$$\omega_d t_r + \beta = \pi$$

得

$$t_r = \frac{\pi - \beta}{\omega_d} = \frac{\pi - \beta}{\omega_n\sqrt{1-\xi^2}} \tag{3.19}$$

由 $\omega_d = \omega_n\sqrt{1-\xi^2}$ 可知，当 ξ 一定时，ω_n 增大，t_r 则减小；当 ω_n 一定时，ξ 增大，t_r 则增大。

（2）峰值时间 t_p 响应曲线达到第一个峰值所需的时间称为峰值时间。

将式（3.14）对时间 t 求导数，并令其为零，即

$$\frac{\mathrm{d}x_o(t)}{\mathrm{d}t}\bigg|_{t=t_p} = -\frac{1}{\sqrt{1-\xi^2}}[-\xi\omega_n \mathrm{e}^{-\xi\omega_n t_p}\sin(\omega_d t_p+\beta)+\omega_d \mathrm{e}^{-\xi\omega_n t_p}\cos(\omega_d t_p+\beta)]=0$$

整理得

$$\tan(\omega_d t_p+\beta)=\frac{\omega_d}{\xi\omega_n}=\frac{\sqrt{1-\xi^2}}{\xi}=\tan\beta$$

因此

$$\omega_d t_p = \pi$$

$$t_p = \frac{\pi}{\omega_d} = \frac{\pi}{\omega_n\sqrt{1-\xi^2}} \tag{3.20}$$

（3）最大超调量 M_p　超调量是描述系统相对稳定性的一个动态指标。一般用下式定义系统的最大超调量

$$M_p = \frac{x_o(t_p)-x_o(\infty)}{x_o(\infty)}\times 100\% \tag{3.21}$$

因为最大超调量发生在峰值时间，将 $t=t_p=\pi/\omega_d$ 及式（3.13）和 $x_o(\infty)=1$ 代入上式，得

$$M_p = -\mathrm{e}^{-\xi\omega_n\pi/\omega_d}\left(\cos\pi+\frac{\xi}{\sqrt{1-\xi^2}}\sin\pi\right)\times 100\%$$

$$M_p = \mathrm{e}^{\frac{-\xi\pi}{\sqrt{1-\xi^2}}}\times 100\% \tag{3.22}$$

上式表明超调量 M_p 仅与阻尼比 ξ 有关，而与固有频率 ω_n 无关。因此 M_p 的大小直接说明系统的阻尼特性。当二阶系统的阻尼比 ξ 确定后，就可求得与其对应的最大超调量，反之亦然。当 $\xi=0.4\sim0.8$ 时，相应的超调量 $M_p=25\%\sim1.5\%$。

（4）调整时间 t_s　响应曲线开始进入偏离稳态值 $\pm\Delta$ 的误差范围（一般 Δ 取 5% 或 2%），并一直保持在这一误差范围内所需要的时间，称为调整时间。即当 $t>t_s$ 时，$x_o(t)$ 应满足不等式

$$|x_o(t)-x_o(\infty)|\leqslant \Delta x_o(\infty) \quad (t\geqslant t_s)$$

由于 $x_o(\infty)=1$，欠阻尼状态下，将式（3.14）代入上式得

$$\left|\frac{\mathrm{e}^{-\xi\omega_n t}}{\sqrt{1-\xi^2}}\sin\left(\omega_d t+\arctan\frac{\sqrt{1-\xi^2}}{\xi}\right)\right|\leqslant \Delta \tag{3.23}$$

由于 $\pm\dfrac{\mathrm{e}^{-\xi\omega_n t}}{\sqrt{1-\xi^2}}$ 所表示的曲线是式（3.23）所描述的衰减正弦曲线的包络线，因此可将式（3.23）所表达的条件改写为

$$\frac{\mathrm{e}^{-\xi\omega_n t}}{\sqrt{1-\xi^2}}\leqslant \Delta \quad (t\geqslant t_s)$$

上式两边取对数，解得

$$t_s \geqslant \frac{1}{\xi\omega_n}\ln\frac{1}{\Delta\sqrt{1-\xi^2}} \qquad (3.24)$$

若取 $\Delta = 0.02$ 得

$$t_s \geqslant \frac{4+\ln\dfrac{1}{\sqrt{1-\xi^2}}}{\xi\omega_n} \qquad (3.25)$$

若取 $\Delta = 0.05$ 得

$$t_s \geqslant \frac{3+\ln\dfrac{1}{\sqrt{1-\xi^2}}}{\xi\omega_n} \qquad (3.26)$$

当 $0 < \xi < 0.7$ 时，式（3.25）和式（3.26）分别近似取为

$$t_s \approx \frac{4}{\xi\omega_n} \quad (\Delta = 0.02) \qquad (3.27)$$

$$t_s \approx \frac{3}{\xi\omega_n} \quad (\Delta = 0.05) \qquad (3.28)$$

当阻尼比 ξ 一定时，ω_n 增大，调整时间 t_s 就减小，系统的响应速度变快。若 ω_n 一定，以 ξ 为自变量，对 t_s 求极值，可得 $\xi = 0.707$ 时，t_s 为极小值，所以在设计二阶系统时，一般取 $\xi = 0.707$ 作为最佳阻尼比。此时，系统不仅调整时间 t_s 最小，超调量 M_p 也不大，这使二阶系统同时兼顾了快速性和稳定性两方面的要求。

（5）振荡次数 N　在调整时间 t_s 内，将 $x_o(t)$ 穿越其稳态值 $x_o(\infty)$ 次数的一半定义为振荡次数。

由式（3.14）可知，系统的振荡周期是 $2\pi/\omega_d$，所以振荡次数为

$$N = \frac{t_s}{2\pi/\omega_d} \qquad (3.29)$$

根据 t_s 取值不同，由式（3.27）和式（3.28）分别求得

$$N = \frac{2\sqrt{1-\xi^2}}{\pi\xi} \quad (\Delta = 0.02) \qquad (3.30)$$

$$N = \frac{1.5\sqrt{1-\xi^2}}{\pi\xi} \quad (\Delta = 0.05) \qquad (3.31)$$

可见，振荡次数 N 与 M_p 一样，只与系统的阻尼比 ξ 有关，而与固有频率 ω_n 无关。阻尼比 ξ 越大，振荡次数 N 越小，系统的稳定性越好。因此，振荡次数 N 也直接反映了系统的阻尼特性。

综上所述，可得如下结论：

1）上升时间 t_r、峰值时间 t_p 和调整时间 t_s 反映二阶系统时间响应的快速性，最大超调量 M_p 和振荡次数 N 则反映二阶系统时间响应的稳定性。

2）要使二阶系统具有满意的动态性能，必须合理地选择固有频率 ω_n 和阻尼比 ξ。提高 ω_n，可以提高二阶系统的响应速度，即减小上升时间 t_r、峰值时间 t_p 和调整时间 t_s；增大 ξ，可以减小系统的振荡性能，即降低超调量 M_p，减少振荡次数 N，但上升时间 t_r 和峰值时

间 t_p 增大。

3）系统的响应速度与振荡性能之间往往存在矛盾，在具体设计中，一般根据最大超调量 M_p 的要求确定阻尼比 ξ，而调整时间 t_s 主要根据系统的固有频率 ω_n 来确定。

例 3.2 已知位置伺服系统的闭环传递函数为

$$G(s) = \frac{X_o(s)}{X_i(s)} = \frac{9}{s^2+s+9}$$

试求该二阶系统单位阶跃响应的动态性能指标。

解： 该系统的 $\omega_n = 3\mathrm{rad/s}$，$\xi = 1/6$，是欠阻尼系统。

阻尼固有频率 $\omega_d = \omega_n\sqrt{1-\xi^2} = 2.958\mathrm{rad/s}$，$\beta = \arctan(\sqrt{1-\xi^2}/\xi) = 1.4$

二阶系统性能指标为

上升时间
$$t_r = \frac{\pi-\beta}{\omega_d} = \frac{\pi-1.4}{2.958} = 0.59\mathrm{s}$$

峰值时间
$$t_p = \frac{\pi}{\omega_d} = \frac{\pi}{2.958} = 1.062\mathrm{s}$$

最大超调量
$$M_p = \mathrm{e}^{\frac{-\xi\pi}{\sqrt{1-\xi^2}}}\times100\% = \mathrm{e}^{\frac{-(1/6)\times\pi}{\sqrt{1-(1/6)^2}}}\times100\% \approx 53.8\%$$

调整时间 $\Delta = 0.02$ 时
$$t_s \approx \frac{4}{\xi\omega_n} = \frac{4}{(1/6)\times3} = 8\mathrm{s}$$

$\Delta = 0.05$ 时
$$t_s \approx \frac{3}{\xi\omega_n} = \frac{3}{(1/6)\times3} = 6\mathrm{s}$$

振荡次数 $\Delta = 0.02$ 时
$$N = \frac{2\sqrt{1-\xi^2}}{\pi\xi} = \frac{2\sqrt{1-(1/6)^2}}{\pi\times(1/6)} \approx 4$$

$\Delta = 0.05$ 时
$$N = \frac{1.5\sqrt{1-\xi^2}}{\pi\xi} = \frac{1.5\sqrt{1-(1/6)^2}}{\pi\times(1/6)} \approx 3$$

例 3.3 某系统的功能图如图 3.8a 所示，其单位阶跃响应曲线如图 3.8b 所示，试求参数 K_1、K_2 和 a 的值。

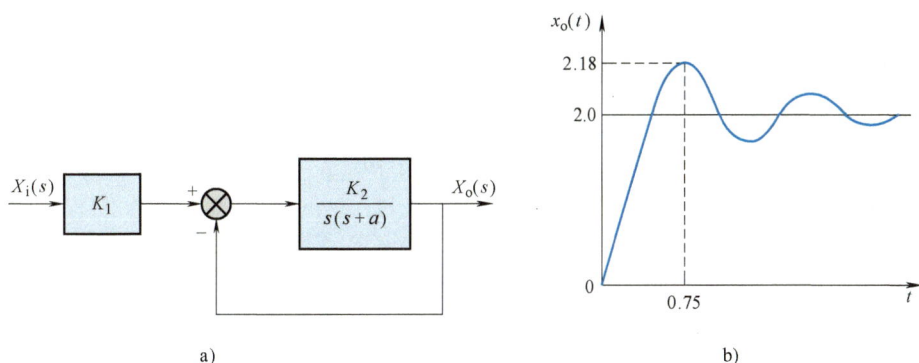

图 3.8 例 3.3 图

解： 由系统功能图可求得闭环传递函数为

$$G(s) = \frac{X_o(s)}{X_i(s)} = \frac{K_1 K_2}{s^2 + as + K_2} = K_1 \left(\frac{\omega_n^2}{s^2 + 2\xi\omega_n s + \omega_n^2} \right)$$

式中，$\omega_n^2 = K_2$；$\xi = \dfrac{a}{2\omega_n}$；依题意 $x_o(\infty) = 2$；$M_p = 0.09$；$t_p = 0.75\text{s}$。

系统的输出为

$$X_o(s) = G(s) X_i(s) = \frac{K_1 K_2}{s^2 + as + K_2} \frac{1}{s}$$

根据拉氏变换的终值定理，对应的稳态输出为

$$x_o(\infty) = \lim_{t \to \infty} x_o(t) = \lim_{s \to 0} s X_o(s) = \lim_{s \to 0} s \frac{K_1 K_2}{s^2 + as + K_2} \frac{1}{s} = K_1$$

故 $K_1 = 2$。

根据 $M_p = e^{\frac{-\xi\pi}{\sqrt{1-\xi^2}}} = 0.09$，得 $\xi = 0.6$。

根据 $t_p = \dfrac{\pi}{\omega_n \sqrt{1-\xi^2}} = 0.75$，得 $\omega_n = 5.2\text{rad/s}$。

因此，$K_2 = \omega_n^2 = 27.04$，$a = 2\xi\omega_n = 6.24$。

3.4 稳态误差分析

3.4.1 稳态误差的基本概念

控制系统的性能是由动态性能和稳态性能两部分组成的。上面讲述的动态性能指标用来评价系统的快速性和稳定性。准确性是对控制系统的基本要求之一，用误差来衡量，可分为瞬态误差和稳态误差。瞬态误差是指误差随时间变化的过程，稳态误差是系统进入稳态后，其实际输出量与期望输出量之间的差值。本节主要讨论评价系统准确性时常用的稳态误差，通过对稳态误差的分析与计算，揭示影响稳态误差的各种因素。

1. 误差

系统的误差 $e(t)$ 是以系统的输出端为基准来定义的，表示为系统所期望的输出 $x_{or}(t)$ 与实际输出 $x_o(t)$ 之差，即

$$e(t) = x_{or}(t) - x_o(t)$$

拉氏变换记为 $E_1(s)$

$$E_1(s) = X_{or}(s) - X_o(s) \tag{3.32}$$

2. 偏差

系统的偏差 $\varepsilon(t)$ 是以系统的输入端为基准来定义的，表示为系统的输入量 $x_i(t)$ 与反馈量 $b(t)$ 之差，即

$$\varepsilon(t) = x_i(t) - b(t)$$

拉氏变换记为 $E(s)$

$$E(s) = X_i(s) - B(s) = X_i(s) - H(s)X_o(s) \tag{3.33}$$

式中，$H(s)$ 为反馈回路的传递函数，如图 3.9 所示。

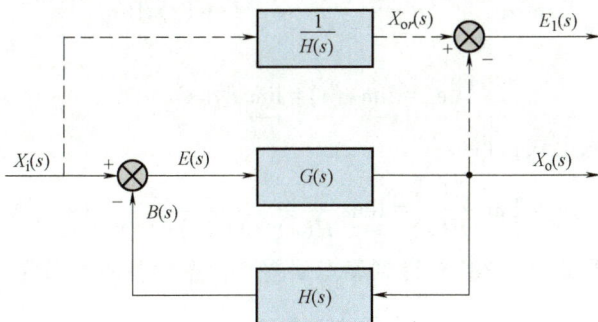

图 3.9　误差与偏差之间的关系

3. 误差与偏差的关系

如前所述，一个闭环的控制系统之所以能够对输出 $X_o(s)$ 起自动控制作用，就在于运用偏差 $E(s)$ 进行控制。当偏差信号 $E(s) = 0$ 时，控制系统无控制作用，此时系统的实际输出与期望输出相等，即

$$X_o(s) = X_{or}(s)$$

将上式代入式 (3.33) 中，得

$$E(s) = X_i(s) - H(s)X_o(s) = X_i(s) - H(s)X_{or}(s) = 0$$

$$X_{or}(s) = \frac{X_i(s)}{H(s)} \tag{3.34}$$

将式 (3.34) 代入误差的拉氏变换式 (3.32) 中有

$$E_1(s) = X_{or}(s) - X_o(s) = \frac{X_i(s)}{H(s)} - X_o(s)$$

$$= \frac{X_i(s) - H(s)X_o(s)}{H(s)} = \frac{E(s)}{H(s)}$$

即

$$E_1(s) = \frac{E(s)}{H(s)} \tag{3.35}$$

式 (3.35) 为一般情况下误差与偏差之间的关系，如图 3.9 所示。由于误差在实际系统中有时无法测量，而偏差是可以测量的，因此求出偏差后，利用式 (3.35) 即可求出误差。对于单位反馈系统，$H(s) = 1$，偏差就等于误差，可直接用偏差信号表示系统的误差信号。

3.4.2　稳态误差的计算

考虑图 3.9 所示的闭环控制系统，系统的偏差

$$E(s) = X_i(s) - B(s) = X_i(s) - E(s)G(s)H(s)$$

$$E(s) = \frac{1}{1 + G(s)H(s)}X_i(s) \tag{3.36}$$

由拉氏变换的终值定理，得到系统的稳态偏差

$$\varepsilon_{ss} = \lim_{t \to \infty} \varepsilon(t) = \lim_{s \to 0} E(s) = \lim_{s \to 0} s \frac{1}{1 + G(s)H(s)} X_i(s) \tag{3.37}$$

而稳态误差为

$$e_{ss} = \lim_{t \to \infty} e(t) = \lim_{s \to 0} s E_1(s)$$

将式（3.35）代入上式，得

$$e_{ss} = \lim_{s \to 0} s \frac{E(s)}{H(s)} = \lim_{s \to 0} s \frac{1}{H(s)} \frac{1}{1 + H(s)G(s)} X_i(s) \tag{3.38}$$

比较式（3.37）和式（3.38），得到稳态误差与稳态偏差的关系为

$$e_{ss} = \frac{\varepsilon_{ss}}{H(0)} \tag{3.39}$$

对于单位反馈系统，$H(s) = 1$，其稳态误差

$$e_{ss} = \varepsilon_{ss} = \lim_{s \to 0} s \frac{1}{1 + G(s)} X_i(s) \tag{3.40}$$

由此可见，系统的稳态误差 e_{ss} 不仅与系统的结构参数有关，还与输入信号 $x_i(t)$ 的特性有关。

3.4.3　静态误差系数

1. 系统的类型

图 3.9 所示的闭环控制系统，设其开环传递函数为

$$G(s)H(s) = \frac{K(\tau_1 s + 1)(\tau_2 s + 1) \cdots (\tau_m s + 1)}{s^v(T_1 s + 1)(T_2 s + 1) \cdots (T_{n-v} s + 1)} \tag{3.41}$$

式中，K 为系统的开环增益；τ_1，τ_2，$\cdots$，τ_m 和 T_1，T_2，$\cdots$，T_{n-v} 为时间常数；v 为开环传递函数中包含积分环节的个数。

工程上，通常根据 v 来划分系统的类型。$v = 0$ 的系统称为 0 型系统，$v = 1$ 的系统称为 Ⅰ型系统，$v = 2$ 的系统称为 Ⅱ 型系统，依次类推。

下面讨论系统在三种典型输入信号作用下，系统的稳态误差。

2. 静态误差系数

（1）静态位置误差系数　系统输入为单位阶跃信号时，$X_i(s) = 1/s$，代入式（3.38）得到系统的稳态误差

$$e_{ss} = \lim_{s \to 0} s \frac{1}{H(s)} \frac{1}{1 + G(s)H(s)} \frac{1}{s} = \frac{1}{H(0)} \frac{1}{1 + \lim_{s \to 0} G(s)H(s)}$$

$$= \frac{1}{H(0)} \frac{1}{1 + K_p}$$

式中

$$K_p = \lim_{s \to 0} G(s)H(s) \tag{3.42}$$

定义为静态位置误差系数。

当系统为单位反馈控制系统时，有

$$e_{ss} = \frac{1}{1+K_p} \tag{3.43}$$

对于 0 型系统，$K_p = \lim_{s \to 0} G(s)H(s) = \lim_{s \to 0} \frac{K}{s^0} = K$，$e_{ss} = \frac{1}{1+K}$。

对于 I 型和 II 型的系统，$K_p = \lim_{s \to 0} G(s)H(s) = \lim_{s \to 0} \frac{K}{s^v} = \infty$，$e_{ss} = 0$。

可见，输入为单位阶跃信号时，0 型系统为有差系统，I 型及以上系统为无差系统。

（2）静态速度误差系数　系统输入为单位斜坡信号时，$X_i(s) = 1/s^2$，系统的稳态误差

$$e_{ss} = \lim_{s \to 0} s \frac{1}{H(s)} \frac{1}{1+G(s)H(s)} \frac{1}{s^2} = \frac{1}{H(0)} \lim_{s \to 0} \frac{1}{s+sG(s)H(s)}$$

$$= \frac{1}{H(0)} \frac{1}{\lim_{s \to 0} sG(s)H(s)} = \frac{1}{H(0)} \frac{1}{K_v}$$

式中

$$K_v = \lim_{s \to 0} sG(s)H(s) \tag{3.44}$$

定义为静态速度误差系数。

当系统为单位反馈控制系统时，有

$$e_{ss} = \frac{1}{K_v} \tag{3.45}$$

对于 0 型系统，$K_v = \lim_{s \to 0} sG(s)H(s) = \lim_{s \to 0} sK = 0$，$e_{ss} = \frac{1}{K_v} = \infty$。

对于 I 型系统，$K_v = \lim_{s \to 0} s \frac{K}{s} = K$，$e_{ss} = \frac{1}{K}$。

对于 II 型系统，$K_v = \lim_{s \to 0} \frac{K}{s} = \infty$，$e_{ss} = 0$。

上述分析表明，输入为斜坡信号时，0 型系统不能跟随，I 型系统为有差系统，II 型及其以上系统为无差系统。

（3）静态加速度误差系数　系统输入为单位加速度信号时 $X_i(s) = 1/s^3$，系统的稳态误差

$$e_{ss} = \lim_{s \to 0} s \frac{1}{H(s)} \frac{1}{1+G(s)H(s)} \frac{1}{s^3} = \frac{1}{H(0)} \lim_{s \to 0} \frac{1}{s^2+s^2 G(s)H(s)}$$

$$= \frac{1}{H(0)} \frac{1}{\lim_{s \to 0} s^2 G(s)H(s)} = \frac{1}{H(0)} \frac{1}{K_a}$$

式中

$$K_a = \lim_{s \to 0} s^2 G(s)H(s) \tag{3.46}$$

定义为静态加速度误差系数。

当系统为单位反馈控制系统时，有

$$e_{ss} = \frac{1}{K_a} \tag{3.47}$$

对于 0 型和 I 型系统，$K_a = \lim_{s \to 0} s^2 G(s) H(s) = \lim_{s \to 0} s^2 K = 0$，$e_{ss} = \dfrac{1}{K_a} = \infty$。

对于 II 型系统，$K_a = K$，$e_{ss} = \dfrac{1}{K}$。

可见，输入为加速度信号时，0 型和 I 型系统不能跟随，II 型系统为有差系统，II 型以上系统为无差系统。

表 3.3 给出了单位反馈系统在不同输入信号作用下的稳态误差。在表的对角线上，稳态误差为有限值；在对角线以上的部分，稳态误差为 ∞，系统不能跟随；在对角线以下的部分，稳态误差为 0，为无差系统。可见，随着系统型次的增高，系统本身消除稳态误差的能力增强；增大系统的开环增益，稳态误差减小，准确度提高。但系统型次的增高或开环增益的增大，均会导致系统的稳定性下降。

表 3.3 单位反馈系统在不同输入信号作用下的稳态误差

系统类型	系统输入		
	单位阶跃	单位斜坡	单位加速度
0 型系统	$\dfrac{1}{1+K}$	∞	∞
I 型系统	0	$\dfrac{1}{K}$	∞
II 型系统	0	0	$\dfrac{1}{K}$

用静态误差系数表示的稳态误差都表示系统的过渡过程结束后，虽然输出能跟踪输入，但却存在位置误差。速度误差和加速度误差并不是指速度上和加速度上的误差，而是指系统在速度输入和加速度输入时所产生的在位置上的误差。位置误差、速度误差和加速度误差的量纲是一样的。

根据线性系统的叠加原理，当输入信号是上述典型信号的线性组合时，系统的稳态误差应为它们分别作用时的稳态误差之和。

例 3.4 已知单位反馈系统的开环传递函数为 $G_K(s) = \dfrac{4}{s\,(s+5)}$，试确定静态位置误差系数、静态速度误差系数和当输入为 $x_i(t) = 2t$ 时，系统的稳态误差。

解：静态位置误差系数由式（3.42）得

$$K_p = \lim_{s \to 0} G_K(s) = \lim_{s \to 0} \frac{4}{s(s+5)} = \infty$$

静态速度误差系数由式（3.44）得

$$K_v = \lim_{s \to 0} s G_K(s) = \lim_{s \to 0} s \frac{4}{s(s+5)} = 0.8$$

当输入为 $x_i(t) = 2t$ 时，对于单位反馈系统，稳态误差

$$e_{ss} = \frac{2}{K_v} = \frac{2}{0.8} = 2.5$$

3.4.4 干扰作用下的稳态误差

实际控制系统中，不仅存在给定的输入信号 $x_i(t)$，还存在干扰信号 $n(t)$。对于图 3.10 所示的反馈控制系统，干扰信号单独作用于系统时，功能图变为图 3.11，系统的偏差

$$E(s) = -\frac{G_2(s)H(s)}{1+G_2(s)G_1(s)H(s)}N(s)$$

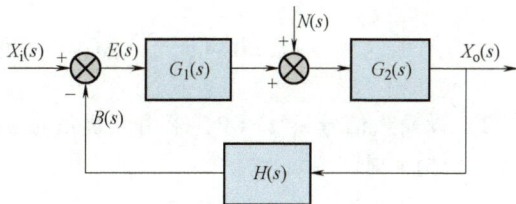

图 3.10 考虑干扰的反馈控制系统

稳态偏差

$$\varepsilon_{ss} = \lim_{t\to\infty}\varepsilon(t) = \lim_{s\to 0}sE(s) = -\lim_{s\to 0}\frac{G_2(s)H(s)}{1+G_2(s)G_1(s)H(s)}N(s) \quad (3.48)$$

而稳态误差

$$e_{ss} = \lim_{s\to 0}sE_1(s) = \lim_{s\to 0}\frac{E(s)}{H(s)} = -\lim_{s\to 0}\frac{G_2(s)}{1+G_1(s)G_2(s)H(s)}N(s) \quad (3.49)$$

比较式（3.48）和式（3.49），得到稳态误差与稳态偏差的关系为

$$e_{ss} = \frac{\varepsilon_{ss}}{H(0)} \quad (3.50)$$

对于单位反馈系统，$H(s)=1$，其稳态误差

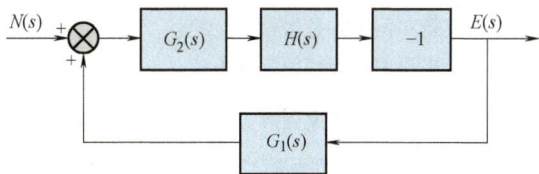

图 3.11 干扰引起误差的系统功能图

$$e_{ss} = \varepsilon_{ss} = -\lim_{s\to 0}\frac{G_2(s)}{1+G_1(s)G_2(s)}N(s) \quad (3.51)$$

输入信号 $X_i(s)$ 和干扰信号 $N(s)$ 同时作用于系统，根据线性系统的叠加原理，系统总的稳态误差等于输入信号单独作用于系统所引起的稳态误差 e_{ssi} 和干扰信号单独作用于系统所引起的稳态误差 e_{ssn} 的线性叠加，即

$$e_{ss} = e_{ssi} + e_{ssn} \quad (3.52)$$

例 3.5 控制系统如图 3.12 所示，已知输入信号 $x_i(t)=t$ 和干扰信号 $n(t)=-1(t)$，试计算该系统的稳态误差。

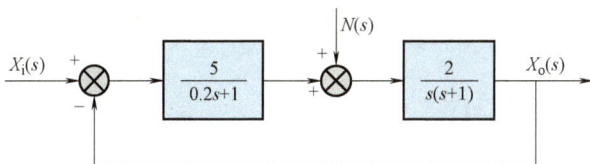

图 3.12 例 3.5 图

解：根据题意，设 $G_1(s)=\dfrac{5}{0.2s+1}$，$G_2(s)=\dfrac{2}{s(s+1)}$，系统由输入信号 $x_i(t)$ 和干扰信号 $n(t)$ 共同作用，即 $X_i(s)=\dfrac{1}{s^2}$，$N(s)=-\dfrac{1}{s}$。

1）设干扰信号 $n(t)=0$，求输入信号 $x_i(t)$ 引起的稳态误差 e_{ssi}。该系统为单位反馈系统，$G(s)=G_1(s)G_2(s)$，由式（3.40）有

$$e_{ssi}=\lim_{s\to0}s\frac{1}{1+G(s)}X_i(s)=\lim_{s\to0}s\frac{1}{1+G_1(s)G_2(s)}\frac{1}{s^2}=0.1$$

2）设输入信号 $x_i(t)=0$，求由干扰信号 $n(t)$ 引起的稳态误差 e_{ssn}。对于单位反馈系统，由式（3.51）有

$$e_{ssn}=-\lim_{s\to0}s\frac{G_2(s)}{1+G_1(s)G_2(s)}N(s)=-\lim_{s\to0}s\frac{G_2(s)}{1+G_1(s)G_2(s)}\frac{-1}{s}=0.2$$

3）根据线性叠加原理，求得系统在输入信号 $x_i(t)$ 和干扰信号 $n(t)$ 共同作用下的稳态误差。由式（3.52）有

$$e_{ss}=e_{ssi}+e_{ssn}=0.1+0.2=0.3$$

习　题

3.1　什么是时间响应？时间响应由哪两部分组成？

3.2　时域瞬态响应指标有哪些？它们反映系统哪些方面的性能？

3.3　误差和偏差各是怎样定义的？

3.4　稳态误差和哪些因素有关？

3.5　设温度计的传递函数为 $G(s)=\dfrac{1}{Ts+1}$，要求温度计在 1min 内指示出响应稳态值的 98%，求此温度计的时间常数。

3.6　某控制系统的单位阶跃响应为

$$x_o(t)=1+0.2e^{-60t}-1.2e^{-10t}$$

求 1）系统的闭环传递函数；2）系统的固有频率 ω_n 和阻尼比 ξ。

3.7　设单位反馈系统的开环传递函数为

$$G(s)=\frac{4}{s(s+5)}$$

求该系统的单位阶跃响应和单位脉冲响应。

3.8　某二阶系统，对阶跃响应的最大超调量为 5%，调整时间为 2s。试确定系统的阻尼比和固有频率。

3.9　由实验测得二阶系统的单位阶跃响应曲线如题 3.9 图所示。求 1）系统的固有频率 ω_n 和阻尼比 ξ；2）系统的开环传递函数。

3.10　设单位反馈系统的开环传递函数为

$$G(s)=\frac{1}{s(s+1)}$$

求系统的上升时间 t_r、峰值时间 t_p、调整时间 t_s 和最大超调量 M_p。

3.11　某单位反馈系统的开环传递函数

$$G_k(s)=\frac{10}{s(0.1s+1)}$$

求 1）系统的静态误差系数 K_p、K_v 和 K_a；2）输入为 $x_i(t)=a_0+$

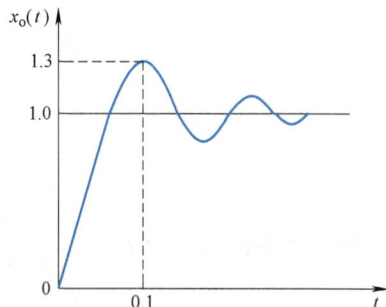

题 3.9 图

$a_1 t + \dfrac{1}{2} a_2 t^2$ 时，系统的稳态误差。

3.12　单位反馈系统的开环传递函数

$$G(s) = \frac{K}{s(s+1)(s+5)}$$

当输入单位斜坡信号时，求系统的稳态误差 $e_{ss} = 0.01$ 的 K 值。

3.13　控制系统如题 3.13 图所示，已知输入 $x_i(t) = t$，$n(t) = 1(t)$，求系统的稳态误差。

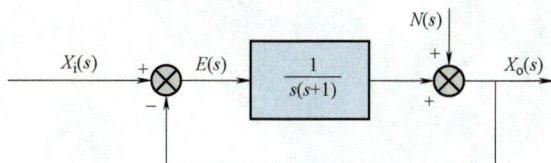

题 3.13 图

科学家精神

"两弹一星" 功勋科学家：
孙家栋

科学家精神

"两弹一星" 功勋科学家：
王淦昌

第4章

系统的频域分析

4.1 概　　述

时域分析法是研究系统动态性能的直接方法，即通过传递函数及拉氏变换和拉氏逆变换，研究典型输入信号作用下，系统输出量随时间的变化规律。该方法比较直观，但对于高阶系统，求解过程复杂，且当参数变化时，很难看出对系统动态性能的影响。

频域分析法是经典控制理论中研究和分析系统特性的另一种重要方法。该方法将传递函数从复域引到具有明确物理概念的频域来分析，不必求解微分方程就可以估算系统的性能。

频率特性分析研究系统对正弦输入时的稳态响应，是获得系统动态特性的一种间接方法。

4.1.1 频率响应与频率特性

频率响应是线性定常系统对正弦（谐波）输入时的稳态响应。

对于线性定常系统，设传递函数为 $G(s)$，给系统输入一正弦信号

$$x_i(t) = X_i \sin\omega t \tag{4.1}$$

式中，X_i 为正弦输入信号的振幅；ω 为正弦输入信号的频率。

根据微分方程解理论，系统稳态输出也为正弦信号，如图 4.1 所示。

$$x_o(t) = A(\omega)X_i \sin[\omega t + \varphi(\omega)] \tag{4.2}$$

其频率与输入信号的频率相同，幅值变小，相位滞后。当输入信号的频率发生变化时，输出信号的幅值和相位将随频率变化而变化。

输出信号的幅值与输入信号的幅值之比称为幅频特性，记为 $A(\omega)$，它反映了系统在稳态情况下，幅值的衰减或增大的特性。

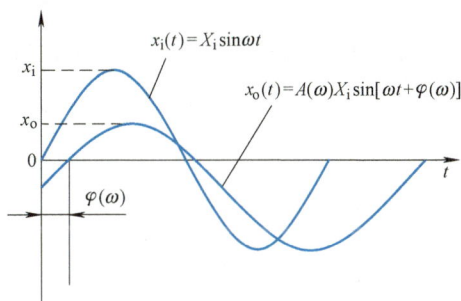

图 4.1　系统的输入与稳态输出

$$A(\omega) = \frac{X_o(\omega)}{X_i}$$

输出信号的相位与输入信号的相位之差称为相频特性，记为 $\varphi(\omega)$，它反映了系统在稳态情况下，相位产生超前（$\varphi(\omega)>0$）或滞后（$\varphi(\omega)<0$）的特性。规定 $\varphi(\omega)$ 按逆时针方向为正，反之为负。对于常见的物理系统，一般相位是滞后的，即 $\varphi(\omega)<0$。

幅频特性和相频特性总称为系统的频率特性，记为 $A(\omega)\varphi(\omega)$ 或 $A(\omega)e^{j\varphi(\omega)}$，即频率特性为 ω 的复变函数，其幅值为 $A(\omega)$，相位为 $\varphi(\omega)$。

4.1.2 频率特性的求取方法

频率特性一般可以通过三种方法得到。

1. 利用关系式 $x_o(t) = L^{-1}[G(s)X_i(s)]$ 求取

例 4.1　已知系统的传递函数为

$$G(s) = \frac{K}{Ts+1}$$

求其频率特性。

解：因为

$$x_i(t) = X_i \sin\omega t, \ X_i(s) = L[x_i(t)] = \frac{X_i\omega}{s^2+\omega^2}$$

所以

$$X_o(s) = G(s)X_i(s) = \frac{K}{Ts+1} \frac{X_i\omega}{s^2+\omega^2}$$

将上式取拉氏逆变换并整理，得

$$x_o(t) = \frac{X_iKT\omega}{1+T^2\omega^2}e^{-t/T} + \frac{X_iK}{\sqrt{1+T^2\omega^2}}\sin(\omega t - \arctan T\omega)$$

式中，右边第一项是瞬态分量，当 $t \to \infty$ 时，瞬态分量迅速衰减至零。第二项是稳态分量，即稳态输出为

$$x_o(t) = \frac{X_iK}{\sqrt{1+T^2\omega^2}}\sin(\omega t - \arctan T\omega)$$

由频率特性的定义，该系统的幅频特性和相频特性分别为

$$A(\omega) = \frac{K}{\sqrt{1+T^2\omega^2}}$$

$$\varphi(\omega) = -\arctan T\omega$$

频率特性为

$$\frac{K}{\sqrt{1+T^2\omega^2}}e^{-j\arctan T\omega}$$

2. 根据系统的传递函数求取

设线性定常系统的微分方程为

$$a_n x_o^n(t) + a_{n-1}x_o^{n-1}(t) + \cdots + a_1 x_o'(t) + a_0 x_o(t)$$

$$= b_m x_i^m(t) + b_{m-1}x_i^{m-1}(t) + \cdots + b_1 x_i'(t) + b_0 x_i(t) \quad (m \le n) \quad (4.3)$$

其传递函数为

$$G(s) = \frac{X_o(s)}{X_i(s)} = \frac{b_m s^m + b_{m-1}s^{m-1} + \cdots + b_1 s + b_o}{a_n s^n + a_{n-1}s^{n-1} + \cdots + a_1 s + a_o} \quad (4.4)$$

现输入一谐波信号，用复矢量形式表示为

$$x_i(t) = X_i e^{j\omega t}$$

并假设系统是稳定的，则由微分方程解的理论可知，其稳态输出为

$$x_o(t) = X_o(\omega)e^{j[\omega t + \varphi(\omega)]}$$

又

$$x_i^{(k)}(t) = (j\omega)^k X_i e^{j\omega t}, k = 1, 2, \cdots, m$$

$$x_o^{(k)}(t) = (j\omega)^k X_o(\omega)e^{j[\omega t + \varphi(\omega)]}, k = 1, 2, \cdots, n$$

将 $x_i(t)$ 和 $x_o(t)$ 以及它们的各阶导数代入式（4.3），整理得

$$\frac{X_o(\omega)e^{j[\omega t+\varphi(\omega)]}}{X_i e^{j\omega t}}=\frac{b_m(j\omega)^m+b_{m-1}(j\omega)^{m-1}+\cdots+b_1(j\omega)+b_o}{a_n(j\omega)^n+a_{n-1}(j\omega)^{n-1}+\cdots+a_1(j\omega)+a_o} \qquad (4.5)$$

式（4.5）右边是将式（4.4）$G(s)$ 中的 s 以 $j\omega$ 取代后的结果，上式变为

$$G(j\omega)=\frac{X_o(\omega)e^{j[\omega t+\varphi(\omega)]}}{X_i e^{j\omega t}}=A(\omega)e^{j\varphi(\omega)}$$

这时幅频特性和相频特性分别为

$$A(\omega)=\left|G(j\omega)\right|$$

$$\varphi(\omega)=\angle G(j\omega)$$

利用频率特性 $G(j\omega)$ 可以求出系统的频率响应

$$x_o(t)=X_i\left|G(j\omega)\right|\sin[\omega t+\angle G(j\omega)]$$

由于 $G(j\omega)$ 为复变函数，所以可以写成实部和虚部的形式

$$G(j\omega)=\mathrm{Re}[G(j\omega)]+\mathrm{Im}[G(j\omega)]=u(\omega)+jv(\omega)$$

式中，$u(\omega)$ 为频率特性的实部，称为实频特性；$v(\omega)$ 为频率特性的虚部，称为虚频特性。显然

$$A(\omega)=\left|G(j\omega)\right|=\sqrt{u^2+v^2}$$

$$\varphi(\omega)=\angle G(j\omega)=\arctan(v/u) \qquad (4.6)$$

例 4.2　求例 4.1 所述系统的频率特性和稳态输出。

解：系统的频率特性为

$$G(j\omega)=\frac{K}{jT\omega+1}$$

又

$$A(\omega)=\left|G(j\omega)\right|=\frac{K}{\sqrt{T^2\omega^2+1}},\ \varphi(\omega)=\angle G(j\omega)=-\arctan T\omega$$

频率特性可写为

$$G(j\omega)=\frac{K}{\sqrt{T^2\omega^2+1}}e^{-j\arctan T\omega}$$

系统的稳态输出

$$x_o(t)=X_i\left|G(j\omega)\right|\sin[\omega t+\angle G(j\omega)]=\frac{X_i K}{\sqrt{T^2\omega^2+1}}\sin(\omega t-\arctan T\omega)$$

与例 4.1 的结果一致。

3. 用实验方法求取

频率特性具有明确的物理意义，可用实验的方法来确定。这对于系统数学模型未知或难以列写微分方程的系统或元件，具有重要的实际意义。其方法是根据频率特性的定义：

1）改变输入谐波信号 $X_i e^{j\varphi(\omega)}$ 的频率 ω，测出与此相应的输出幅值 $X_o(\omega)$ 与相位差 $\varphi(\omega)$。

2）做出幅值比 $X_o(\omega)/X_i$ 对频率 ω 的函数曲线，即幅频特性曲线。

3）做出相位 $\varphi(\omega)$ 对频率 ω 的函数曲线，即相频特性曲线。

频率特性 $G(j\omega)$ 是谐波输入信号频率 ω 的函数，因而可以用图形表示其变化规律。常用的表示方法有极坐标图和对数坐标图等。用图形表示系统的频率特性，直观方便，在系统性能分析和校正的研究中很有用处。

4.2　频率特性的极坐标图（Nyquist 图）

频率特性 $G(j\omega)$ 在复平面上可以用矢量表示，矢量的长度为幅频特性 $|G(j\omega)|$，与正实轴的夹角为相频特性 $\angle G(j\omega)$。矢量在实轴和虚轴上的投影分别为实频特性 $u(\omega)$ 和虚频特性 $v(\omega)$。相位 $\varphi(\omega)$ 规定为从正实轴开始，逆时针方向为正。当 ω 从 $0 \rightarrow \infty$ 时，$G(j\omega)$ 端点在复平面相对应的轨迹，称为频率特性的幅相频特性曲线，即极坐标图，也称为 Nyqiust 图，如图 4.2a 所示。它不仅表示了幅频特性和相频特性，而且也表示了实频特性和虚频特性，如图 4.2b 所示。图 4.2 中 ω 的箭头方向为 ω 从小到大的方向。

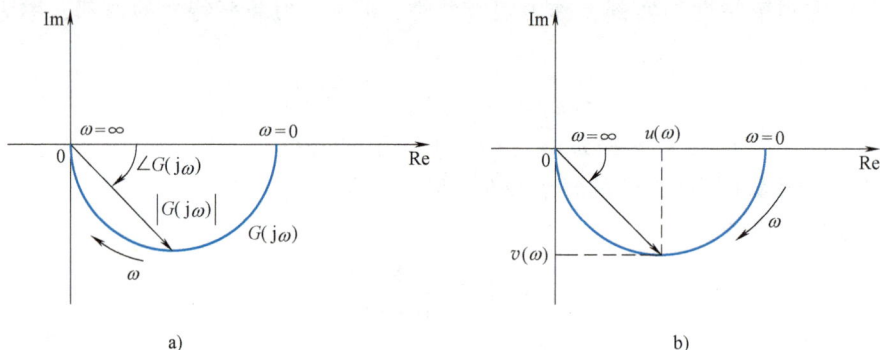

图 4.2　频率特性的极坐标图

4.2.1　典型环节的 Nyquist 图

一般系统都是由一些典型环节组成的，系统的频率特性也是由典型环节的频率特性组成的，熟悉这些典型环节的频率特性是了解系统频率特性和分析系统性能的基础。

1. 比例环节

传递函数 $\qquad G(s) = K$

频率特性 $\qquad G(j\omega) = K$

显然，比例环节的实频特性恒为 K，虚频特性恒为 0，有

幅频特性 $\qquad |G(j\omega)| = K$

相频特性 $\qquad \angle G(j\omega) = 0°$

当 ω 从 $0 \rightarrow \infty$ 时，比例环节频率特性的 Nyquist 图为实轴上的一定点，其坐标为 $(K, j0)$，如图 4.3 所示。

2. 积分环节

传递函数 $\qquad G(s) = \dfrac{1}{s}$

频率特性
$$G(j\omega) = \frac{1}{j\omega} = -j\frac{1}{\omega}$$

该环节的实频特性恒为 0，虚频特性则为 $-\frac{1}{\omega}$，有

幅频特性
$$\left| G(j\omega) \right| = \frac{1}{\omega}$$

相频特性
$$\angle G(j\omega) = -90°$$

当 ω 从 $0 \to \infty$ 时，幅频特性由 $\infty \to 0$，相位与 ω 无关，因此积分环节频率特性的 Nyquist 图是虚轴的下半轴，由无穷远点指向原点，如图 4.4 所示。积分环节是一个相位滞后环节。

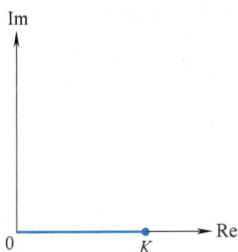

图 4.3　比例环节的 Nyquist 图

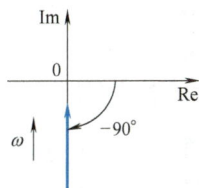

图 4.4　积分环节的 Nyquist 图

3. 微分环节

传递函数
$$G(s) = s$$

频率特性
$$G(j\omega) = j\omega$$

该环节的实频特性恒为 0，虚频特性则为 ω，有

幅频特性
$$\left| G(j\omega) \right| = \omega$$

相频特性
$$\angle G(j\omega) = 90°$$

当 ω 从 $0 \to \infty$ 时，幅频特性由 $0 \to \infty$，相位与 ω 无关。所以微分环节频率特性的 Nyquist 图是虚轴的上半轴，由原点指向无穷远点，如图 4.5 所示。微分环节是一个相位超前环节。

4. 惯性环节

传递函数
$$G(s) = \frac{1}{Ts+1}$$

频率特性
$$G(j\omega) = \frac{1}{jT\omega+1} = \frac{1}{1+T^2\omega^2} - j\frac{T\omega}{1+T^2\omega^2}$$

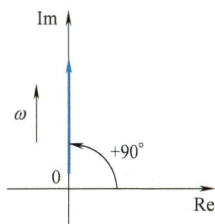

图 4.5　微分环节的 Nyquist 图

该环节的实频特性 $u(\omega) = \dfrac{1}{1+T^2\omega^2}$，虚频特性 $v(\omega) = -\dfrac{T\omega}{1+T^2\omega^2}$，有

幅频特性
$$\left| G(j\omega) \right| = \frac{1}{\sqrt{1+T^2\omega^2}}$$

相频特性
$$\angle G(j\omega) = -\arctan T\omega$$

当 $\omega = 0$ 时，$\left| G(j\omega) \right| = 1$，$\angle G(j\omega) = 0°$。

当 $\omega = 1/T$ 时，$\left| G(j\omega) \right| = 1/\sqrt{2}$，$\angle G(j\omega) = -45°$。

当 $\omega = \infty$ 时，$\left| G(j\omega) \right| = 0$，$\angle G(j\omega) = -90°$。

当 ω 从 $0 \to \infty$ 时，惯性环节的 Nyquist 图为图 4.6 所示的一个半圆。可证明如下：

将实频特性和虚频特性代入到实频表达式中，得

$$\left(U-\frac{1}{2}\right)^2+V^2=\left(\frac{1}{1+T^2\omega^2}-\frac{1}{2}\right)^2+\left(\frac{T\omega}{1+T^2\omega^2}\right)^2=\left(\frac{1}{2}\right)^2$$

这是圆的方程，圆心为 $(1/2, j0)$，半径为 $1/2$。由于惯性环节频率特性的幅值随频率的增大而减小，因而具有低通滤波的性能。同时，它存在相位滞后，滞后相位角随频率的增大而增大，最大相位滞后为 $90°$。

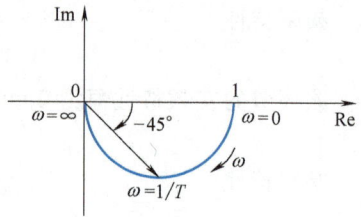

图 4.6 惯性环节的 Nyquist 图

5. 一阶微分环节

传递函数 $\qquad\qquad\qquad G(s)=Ts+1$

频率特性 $\qquad\qquad\qquad G(j\omega)=jT\omega+1$

该环节的实频特性恒为 1，虚频特性为 $T\omega$，有

幅频特性 $\qquad |G(j\omega)|=\sqrt{1+T^2\omega^2}$

相频特性 $\qquad \angle G(j\omega)=\arctan T\omega$

当 $\omega=0$ 时，$|G(j\omega)|=1$，$\angle G(j\omega)=0°$。

当 $\omega=1/T$ 时，$|G(j\omega)|=\sqrt{2}$，$\angle G(j\omega)=45°$。

当 $\omega=\infty$ 时，$|G(j\omega)|=\infty$，$\angle G(j\omega)=90°$。

当 ω 从 $0 \to \infty$ 时，一阶微分环节频率特性的 Nyquist 图是在第一象限内过 $(1, j0)$ 点且平行于虚轴的一条直线，如图 4.7 所示。

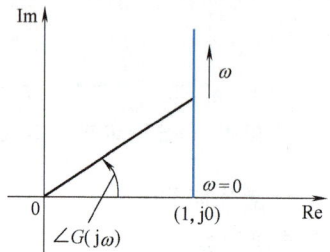

图 4.7 一阶微分环节的 Nyquist 图

6. 振荡环节

传递函数 $\qquad G(s)=\dfrac{1}{T^2s^2+2\xi Ts+1}=\dfrac{\omega_n^2}{s^2+2\xi\omega_n s+\omega_n^2}\quad(0<\xi<1)$

式中，ω_n 为系统的固有频率，$\omega_n=1/T$。

频率特性 $\qquad G(j\omega)=\dfrac{\omega_n^2}{-\omega^2+\omega_n^2+j2\xi\omega_n\omega}=\dfrac{1}{\left(1-\dfrac{\omega^2}{\omega_n^2}\right)+j2\xi\dfrac{\omega}{\omega_n}}$

令 $\lambda=\omega/\omega_n$，得

$$G(j\omega)=\frac{1}{(1-\lambda^2)+j2\xi\lambda}=\frac{1-\lambda^2}{(1-\lambda^2)^2+4\xi^2\lambda^2}-j\frac{2\xi\lambda}{(1-\lambda^2)^2+4\xi^2\lambda^2}$$

该环节的实频特性为 $\dfrac{1-\lambda^2}{(1-\lambda^2)^2+4\xi^2\lambda^2}$，虚频特性为 $-\dfrac{2\xi\lambda}{(1-\lambda^2)^2+4\xi^2\lambda^2}$，有

幅频特性 $\qquad\qquad |G(j\omega)|=\dfrac{1}{\sqrt{(1-\lambda^2)^2+4\xi^2\lambda^2}}$

相频特性 $\qquad\qquad \angle G(j\omega)=-\arctan\dfrac{2\xi\lambda}{1-\lambda^2}$

当 $\lambda = 0$，即 $\omega = 0$ 时，$|G(j\omega)| = 1$，$\angle G(j\omega) = 0°$。

当 $\lambda = 1$，即 $\omega = \omega_n$ 时，$|G(j\omega)| = 1/2\xi$，$\angle G(j\omega) = -90°$。

当 $\lambda = \infty$，即 $\omega = \infty$ 时，$|G(j\omega)| = 0$，$\angle G(j\omega) = -180°$。

当 ω 从 $0 \rightarrow \infty$（即 λ 从 $0 \rightarrow \infty$）时，幅频特性由 $1 \rightarrow 0$，相频特性由 $0° \rightarrow -180°$。振荡环节频率特性的 Nyquist 图始于点 $(1, j0)$，终于点 $(0,$ $j0)$，曲线和虚轴交点的频率就是无阻尼固有频率 ω_n，此时的幅值为 $1/2\xi$，曲线在第三、四象限，ξ 取值不同，Nyquist 图的形状也不同，如图 4.8 所示。

振荡环节的幅频特性和相频特性，同时是频率 ω 和阻尼比 ξ 的二元函数。ξ 越小，幅频特性曲线的值越大，当 ξ 小到一定程度时，幅频特性曲线将会出现峰值 M_r，此时对应的频率称为谐振频率 ω_r。令

$$\frac{\partial |G(j\omega)|}{\partial \lambda}\bigg|_{\lambda=\lambda_r} = 0$$

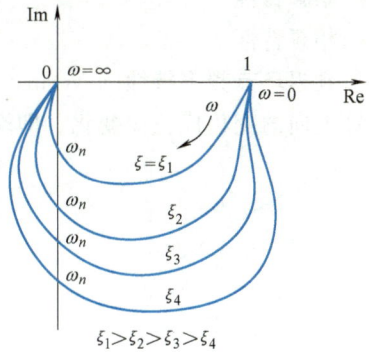

图 4.8　振荡环节的 Nyquist 图

求得 $\qquad\qquad \lambda_r = \sqrt{1-2\xi^2}$

谐振频率 ω_r 为

$$\omega_r = \omega_n\sqrt{1-2\xi^2} \qquad\qquad (4.7)$$

当 $\omega = \omega_r$ 时，幅频特性出现峰值。仅当 $1-2\xi^2 \geqslant 0$，即 $\xi \leqslant 0.707$ 时，式（4.7）才有意义，其谐振幅值 M_r 为

$$M_r = |G(j\omega_r)| = \frac{1}{2\xi\sqrt{1-\xi^2}}$$

7. 二阶微分环节

传递函数 $\qquad\qquad G(s) = T^2s^2 + 2\xi Ts + 1 \qquad (0 < \xi < 1)$

令 $\omega_n = 1/T$，则频率特性为

$$G(j\omega) = 1 - \frac{\omega^2}{\omega_n^2} + j2\xi\frac{\omega}{\omega_n}$$

幅频特性 $\qquad\qquad |G(j\omega)| = \sqrt{[1-(\omega/\omega_n)^2]^2 + (2\xi\omega/\omega_n)^2}$

相频特性 $\qquad\qquad \angle G(j\omega) = \arctan\frac{2\xi\omega/\omega_n}{1-(\omega/\omega_n)^2}$

当 $\omega = 0$ 时，$|G(j\omega)| = 1$，$\angle G(j\omega) = 0°$。

当 $\omega = \omega_n$ 时，$|G(j\omega)| = 2\xi$，$\angle G(j\omega) = 90°$。

当 $\omega = \infty$ 时，$|G(j\omega)| = \infty$，$\angle G(j\omega) = 180°$。

当 ω 从 $0 \rightarrow \infty$ 时，二阶微分环节频率特性的 Nyquist 图始于点 $(1, j0)$，终于点 $(-\infty,$ $j\infty)$，曲线和虚轴交点的频率就是无阻尼固有频率，此时的幅值是 2ξ，曲线在第一、二象限，ξ 取值不同，Nyquist 图的形状也不同，如图 4.9 所示。

8. 延迟环节

传递函数 $\qquad\qquad\qquad G(s) = \mathrm{e}^{-\tau s}$

频率特性
$$G(\mathrm{j}\omega) = \mathrm{e}^{-\mathrm{j}\tau\omega}$$

由欧拉公式：$\mathrm{e}^{-\mathrm{j}\theta} = \cos\theta - \mathrm{j}\sin\theta$，则

$$G(\mathrm{j}\omega) = \cos\tau\omega - \mathrm{j}\sin\tau\omega$$

该环节的实频特性为 $\cos\tau\omega$，虚频特性为 $-\sin\tau\omega$。

幅频特性
$$|G(\mathrm{j}\omega)| = 1$$

相频特性
$$\angle G(\mathrm{j}\omega) = -\tau\omega$$

延迟环节频率特性的 Nyquist 图是一单位圆，其幅值恒为 1，而相位 $\angle G(\mathrm{j}\omega)$ 则随 ω 顺时针方向的变化成正比变化，即端点在单位圆上无限循环，如图 4.10 所示。

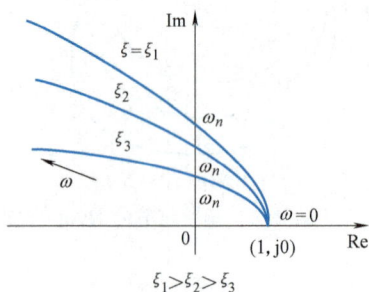

图 4.9　二阶微分环节的 Nyquist 图

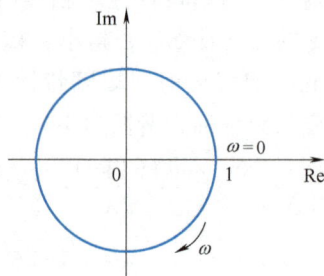

图 4.10　延迟环节的 Nyquist 图

4.2.2　系统的 Nyquist 图绘制方法

一般系统由若干个典型环节串联组成，绘制 Nyquist 图时，需要将这些环节频率特性中对应的矢量模相乘，相角相加，通常只有借助计算机才可以绘制出比较精确的 Nyquist 图。但在频率特性分析中，绘出 Nyquist 的概略图即可满足要求。绘制系统的 Nyquist 图的方法如下：

1）由频率特性 $G(\mathrm{j}\omega)$ 求出实频特性 $u(\omega)$ 和虚频特性 $v(\omega)$，写出系统的幅频特性 $|G(\mathrm{j}\omega)|$ 和相频特性 $\angle G(\mathrm{j}\omega)$ 的表达式。

2）求出若干特征点，如 $\omega = 0$、$\omega = \infty$、曲线与实轴的交点 $\mathrm{Im}[G(\mathrm{j}\omega)] = 0$、与虚轴的交点 $\mathrm{Re}[G(\mathrm{j}\omega)] = 0$，及对应点的 $|G(\mathrm{j}\omega)|$ 和 $\angle G(\mathrm{j}\omega)$。

3）补充必要的中间几点，绘出 Nyquist 的大致图形。

例 4.3　已知系统的传递函数为 $G(s) = \dfrac{K}{s(Ts+1)}$，试绘制其 Nyquist 图。

解：系统的频率特性

$$G(\mathrm{j}\omega) = \frac{K}{\mathrm{j}\omega(\mathrm{j}T\omega+1)} = \frac{-KT}{1+T^2\omega^2} - \mathrm{j}\frac{K}{\omega(1+T^2\omega^2)}$$

该系统为 Ⅰ 型系统，由比例环节、积分环节和惯性环节所组成。

幅频特性
$$|G(\mathrm{j}\omega)| = \frac{K}{\omega\sqrt{T^2\omega^2+1}}$$

相频特性
$$\angle G(\mathrm{j}\omega) = -90° - \arctan T\omega$$

当 $\omega = 0$ 时，$|G(\mathrm{j}\omega)| = \infty$，$\angle G(\mathrm{j}\omega) = -90°$。

当 $\omega \to \infty$ 时，$|G(\mathrm{j}\omega)| = 0$，$\angle G(\mathrm{j}\omega) = -180°$。

当 $\omega \to 0$ 时，曲线的渐进线 $\mathrm{Re} \to -KT$，$\mathrm{Im} \to -\infty$，即以 $-KT$ 为渐近线，Nyquist 曲线如图 4.11 所示。

例 4.4 已知系统的传递函数为 $G(s)=\dfrac{K}{s(T_1s+1)(T_2s+1)}$，试绘制其 Nyquist 图。

解： 系统的频率特性

$$G(\mathrm{j}\omega)=\frac{K}{(\mathrm{j}\omega)(\mathrm{j}T_1\omega+1)(\mathrm{j}T_2\omega+1)}$$

$$=\frac{-K\omega(T_1+T_2)-\mathrm{j}K(1-T_1T_2\omega^2)}{\omega(1+T_1^2\omega^2)(1+T_2^2\omega^2)}$$

该系统为Ⅰ型系统，由比例环节、积分环节和两个惯性环节所组成。

幅频特性

$$|G(\mathrm{j}\omega)|=\frac{K}{\omega\sqrt{1+T_1^2\omega^2}\sqrt{1+T_2^2\omega^2}}$$

相频特性

$$\angle G(\mathrm{j}\omega)=-90°-\arctan T_1\omega-\arctan T_2\omega$$

当 $\omega=0$ 时，$|G(\mathrm{j}\omega)|=\infty$，$\angle G(\mathrm{j}\omega)=-90°$，$u(0)\to -K(T_1+T_2)$，$v(0)\to -\infty$。

当 $\omega \to \infty$ 时，$|G(\mathrm{j}\omega)|=0$，$\angle G(\mathrm{j}\omega)=-270°$，$u(\infty)\to 0$，$v(\infty)\to 0$。

Nyquist 曲线与实轴交点的频率可以通过令 $v(\omega)=0$ 求得

$$\omega=1/\sqrt{T_1T_2}$$

此时曲线与实轴交点的值

$$u(\omega)=\frac{-KT_1T_2}{T_1+T_2}$$

系统 Nyquist 曲线在第Ⅱ和第Ⅲ象限，以 $-K(T_1+T_2)$ 为渐近线，如图 4.12 所示。

例 4.5 已知系统传递函数为 $G(s)=\dfrac{K}{s^2(T_1s+1)(T_2s+1)}$，试绘制其 Nyquist 图。

解： 系统的频率特性

$$G(\mathrm{j}\omega)=\frac{K}{(\mathrm{j}\omega)^2(\mathrm{j}T_1\omega+1)(\mathrm{j}T_2\omega+1)}=\frac{-K(1-T_1T_2\omega^2)+\mathrm{j}\omega K(T_1+T_2)}{\omega^2(1+T_1^2\omega^2)(1+T_2^2\omega^2)}$$

该系统为Ⅱ型系统，由比例环节、两个积分环节和两个惯性环节组成。

幅频特性

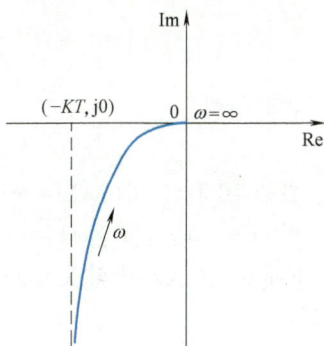

图 4.11 例 4.3 系统的 Nyquist 图

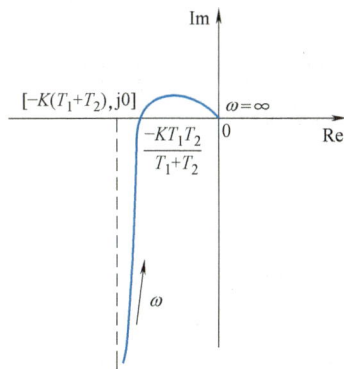

图 4.12 例 4.4 系统的 Nyquist 图

$$|G(j\omega)| = \frac{K}{\omega^2\sqrt{1+T_1^2\omega^2}\sqrt{1+T_2^2\omega^2}}$$

相频特性

$$\angle G(j\omega) = -180° - \arctan T_1\omega - \arctan T_2\omega$$

当 $\omega = 0$ 时，$|G(j\omega)| = \infty$，$\angle G(j\omega) = -180°$，$u(0) \to -\infty$，$v(0) \to \infty$。

当 $\omega \to \infty$ 时，$|G(j\omega)| = 0$，$\angle G(j\omega) = -360°$，$u(\infty) \to 0$，$v(\infty) \to 0$。

Nyquist 曲线与虚轴交点的频率可以通过令 $u(\omega) = 0$ 求得

$$\omega = 1/\sqrt{T_1 T_2}$$

此时曲线与虚轴交点的值

$$v(\omega) = \frac{K(T_1 T_2)^{3/2}}{T_1 + T_2}$$

系统 Nyquist 曲线在第 I 和第 II 象限，如图 4.13 所示。

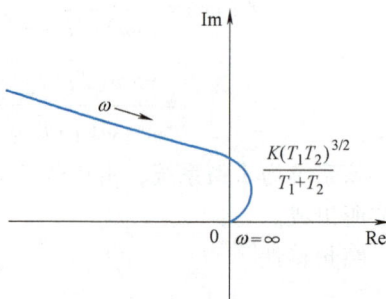

图 4.13　例 4.5 系统的 Nyquist 图

例 4.6　已知系统传递函数为 $G(s) = \dfrac{K(T_1 s + 1)}{s(T_2 s + 1)}$ $(T_1 > T_2)$，试绘制其 Nyquist 图。

解： 系统的频率特性

$$G(j\omega) = \frac{K(1+jT_1\omega)}{j\omega(1+jT_2\omega)} = \frac{K(T_1-T_2)}{1+T_2^2\omega^2} - j\frac{K(1+T_1 T_2\omega^2)}{\omega(1+T_2^2\omega^2)}$$

该系统为 I 型系统，由比例环节、积分环节、一阶微分环节与惯性环节组成。

幅频特性

$$|G(j\omega)| = \frac{K\sqrt{1+T_1^2\omega^2}}{\omega\sqrt{1+T_2^2\omega^2}}$$

相频特性

$$\angle G(j\omega) = \arctan T_1\omega - 90° - \arctan T_2\omega$$

当 $\omega = 0$ 时，$|G(j\omega)| = \infty$，$\angle G(j\omega) = -90°$，$u(0) \to K(T_1-T_2) > 0$，$v(0) \to \infty$。

当 $\omega \to \infty$ 时，$|G(j\omega)| = 0$，$\angle G(j\omega) = -90°$，$u(\infty) \to 0$，$v(\infty) \to 0$。

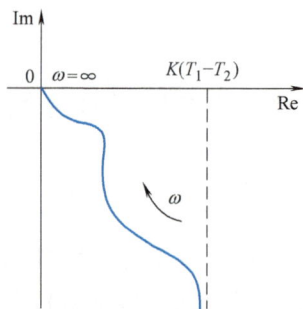

图 4.14　例 4.6 系统的 Nyquist 图

Nyquist 曲线如图 4.14 所示。若传递函数含有一阶微分环节，Nyquist 图发生弯曲，即相位可能非单调变化。

4.2.3　Nyquist 图的一般形状

一般系统的频率特性可表示为

$$G(j\omega) = \frac{K(1+j\tau_1\omega)(1+j\tau_2\omega)\cdots(1+j\tau_m\omega)}{(j\omega)^v(1+jT_1\omega)(1+jT_2\omega)\cdots(1+jT_{n-v}\omega)} \quad (n \geq m)$$

对于不同结构的系统，Nyquist 图的一般形状有如下特点：

1) 0 型系统。

当 $\omega = 0$ 时，$|G(j\omega)| = K$，$\angle G(j\omega) = 0°$。

当 $\omega \to \infty$ 时，$|G(j\omega)| = 0$，$\angle G(j\omega) = -(n-m) \times 90°$。

因此，0 型系统 Nyquist 曲线起始于正实轴上的 K 点，终止于原点，由第几象限趋于原点取决于 $\angle G(j\omega) = -(n-m) \times 90°$。

2) Ⅰ型系统。

当 $\omega = 0$ 时，$|G(j\omega)| = \infty$，$\angle G(j\omega) = -90°$。

当 $\omega \to \infty$ 时，$|G(j\omega)| = 0$，$\angle G(j\omega) = -(n-m) \times 90°$。

所以，Ⅰ型系统 Nyquist 曲线的渐近线在低频段趋于负虚轴，在高频段趋于原点，由第几象限趋于原点取决于 $\angle G(j\omega) = -(n-m) \times 90°$。

3) Ⅱ型系统。

当 $\omega = 0$ 时，$|G(j\omega)| = \infty$，$\angle G(j\omega) = -180°$。

当 $\omega \to \infty$ 时，$|G(j\omega)| = 0$，$\angle G(j\omega) = -(n-m) \times 90°$。

因此，Ⅱ型系统 Nyquist 曲线的渐近线在低频段趋于负实轴，高频段趋于原点，由第几象限趋于原点取决于 $\angle G(j\omega) = -(n-m) \times 90°$。

4) 当 $G(s)$ 包含有振荡环节时，上述结论不变。

5) 当 $G(s)$ 包含有一阶微分环节时，相位非单调下降，Nyquist 曲线发生"弯曲"。

4.3　频率特性的对数坐标图（Bode 图）

频率特性的对数坐标图又称为 Bode 图，由对数幅频特性图和对数相频特性图组成，分别表示幅频特性和相频特性。

1. 对数坐标图的横坐标

横坐标表示频率 ω，但按对数（$\lg\omega$）分度，标注 ω，单位为 rad/s，如图 4.15 所示。

ω 的数值每变化 10 倍，在对数坐标上变化一个单位，称为十倍频程，以"dec"表示。若 $\omega_2 = 10\omega_1$ 时，称从 $\omega_1 \to \omega_2$ 为十倍频程。

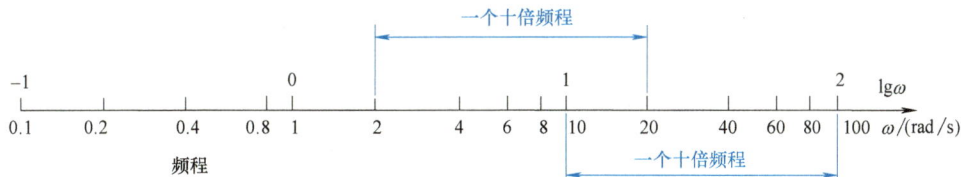

图 4.15　Bode 图横坐标

2. 对数幅频特性图的纵坐标

纵坐标（线性分度）表示 $G(j\omega)$ 的幅值，用对数 $L(\omega) = 20\lg|G(j\omega)|$ 表示，单位为分贝（dB），如图 4.16a 所示。

分贝在电信技术中表示功率信号的衰减程度，后来将其推广到其他领域用作表示两数比值的大小，若两数值 P_1 和 P_2 满足 $20\lg(P_2/P_1) = 1$，则称 P_2 相对于 P_1 增加了 1 分贝

（dB）。

3. 对数相频特性图的纵坐标

纵坐标（线性分度）表示$\angle G(j\omega)$，即$\varphi(\omega)$，单位为（°），如图 4.16b 所示。

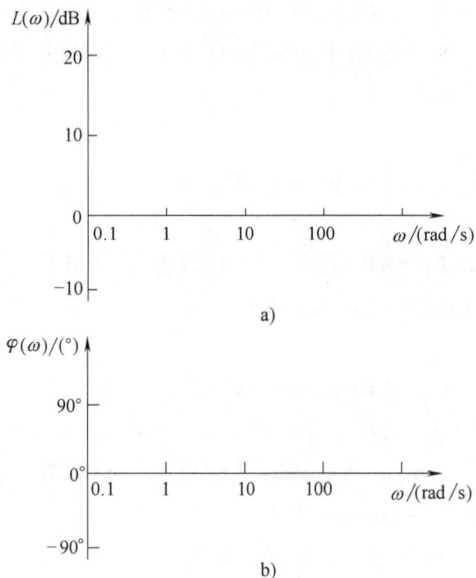

图 4.16　Bode 图坐标系

4. 用 Bode 图表示频率特性的优点：

1）可将串联环节幅值的乘、除化为幅值的加减，简化作图过程。

2）可用近似方法作图。用渐近线近似曲线，再用修正曲线对渐近线进行修正。

3）分别做出各环节 Bode 图，然后用叠加方法得到系统 Bode 图，并由此可以看出各个环节对系统总特性的影响。

4.3.1　典型环节的 Bode 图

1. 比例环节

频率特性　　　　　　　　$G(j\omega) = K$

对数幅频特性　　　　　$L(\omega) = 20\lg|G(j\omega)| = 20\lg K$

对数相频特性　　$\varphi(\omega) = \angle G(j\omega) = 0°$

比例环节的对数幅频特性曲线是一条高度为 $20\lg K$ 的水平直线；对数相频特性曲线是与 0° 重合的一直线，如图 4.17 所示。当 K 值改变时，对数幅频特性上下移动，对数相频特性不变。

2. 积分环节

频率特性　　$G(j\omega) = \dfrac{1}{j\omega}$

对数幅频特性

$$L(\omega) = 20\lg|G(j\omega)| = 20\lg(1/\omega) = -20\lg\omega$$

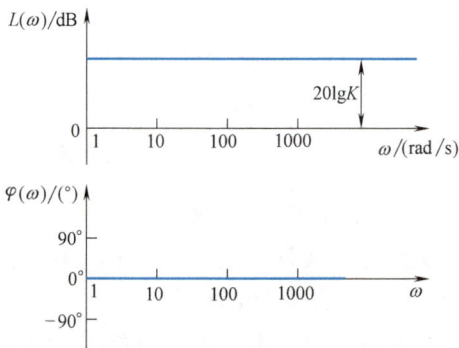

图 4.17　比例环节的 Bode 图

对数相频特性　　$\varphi(\omega) = -90°$

当 $\omega = 1$ 时，$L(1) = 0$，即 $L(\omega)$ 过（1，0）点；每当频率 ω 增加 10 倍，$L(\omega)$ 就下降 20dB，因此，积分环节的对数幅频特性曲线是一条过（1，0）点，斜率为−20dB/dec 的直线。对数相频特性曲线为一条−90°的水平线，如图 4.18 所示。

对于二重积分，频率特性为

$$G(j\omega) = \frac{1}{(j\omega)^2} = -\frac{1}{\omega^2}$$

对数幅频特性

$$L(\omega) = 20\lg|G(j\omega)| = 20\lg(1/\omega^2) = -40\lg\omega$$

对数相频特性　　$\varphi(\omega) = -180°$

二重积分的对数幅频特性曲线是一条过（1，0）点，斜率为−40dB/dec 的直线。对数相频特性曲线为一条−180°的水平线。

3. 微分环节

频率特性　　　　　　　　　$G(j\omega) = j\omega$

对数幅频特性　　　　　　　$L(\omega) = 20\lg|G(j\omega)| = 20\lg\omega$

对数相频特性　　　　　　　$\varphi(\omega) = \angle G(j\omega) = 90°$

当 $\omega = 1$ 时，$L(1) = 0$，即 $L(\omega)$ 过（1，0）点；每当频率 ω 增加 10 倍，$L(\omega)$ 就增加 20dB，因此，微分环节的对数幅频特性曲线是一条过（1，0）点，斜率为 20dB/dec 的直线。对数相频特性曲线为一条 90°的水平线，如图 4.19 所示。

4. 惯性环节

频率特性　　$G(j\omega) = \dfrac{1}{j\omega T + 1}$

若令 $\omega_T = 1/T$，则有

$$G(j\omega) = \frac{\omega_T}{\omega_T + j\omega}$$

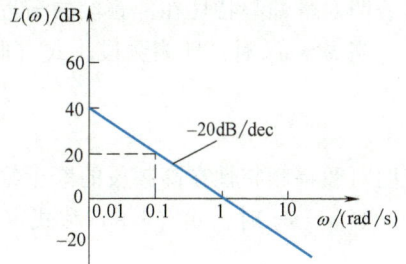

图 4.18　积分环节的 Bode 图

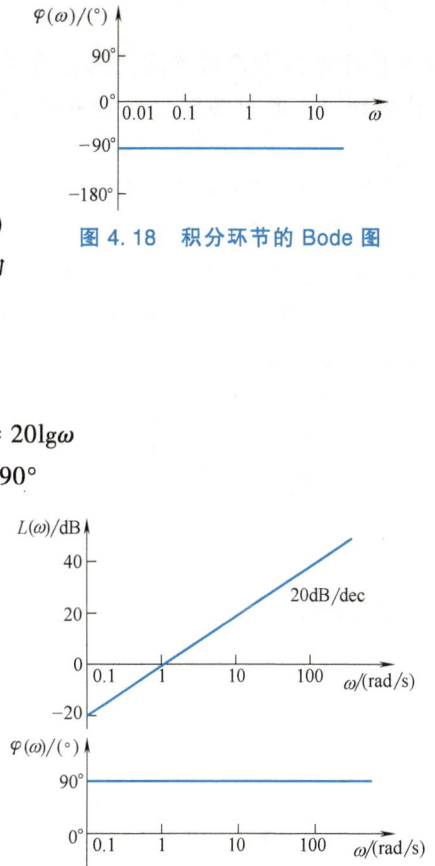

图 4.19　微分环节的 Bode 图

对数幅频特性

$$L(\omega) = 20\lg|G(j\omega)| = 20\lg\frac{\omega_T}{\sqrt{\omega_T^2 + \omega^2}} = 20\lg\omega_T - 20\lg\sqrt{\omega_T^2 + \omega^2} \tag{4.8}$$

对数相频特性

$$\varphi(\omega) = \angle G(j\omega) = -\arctan(\omega/\omega_T) \tag{4.9}$$

当 $\omega \ll \omega_T$ 时，即低频段，式（4.8）和式（4.9）分别为

$$L(\omega) \approx 20\lg\omega_T - 20\lg\omega_T = 0\text{dB}$$

$$\varphi(\omega) = 0°$$

这表明对数幅频特性在低频段的渐近线为 0dB 线，相频特性为 0°。

当 $\omega \gg \omega_T$ 时，即高频段，式（4.8）和式（4.9）分别为

$$L(\omega) \approx 20\lg\omega_T - 20\lg\omega$$

$$\varphi(\omega) = -90°$$

表明对数幅频特性在高频段的渐近线是一条斜率为 -20dB/dec 的直线，相频特性为 -90°。

当 $\omega = \omega_T$ 时，式（4.8）和式（4.9）分别为

$$L(\omega) = -20\lg\sqrt{2} \approx -3\text{dB}$$

$$\varphi(\omega) = -45°$$

ω_T 为低频率段和高频率段交点处频率，称为转角频率。此时幅频特性为 -3dB，相频为 -45°。

惯性环节的 Bode 图如图 4.20 所示。可以看出惯性环节有低通滤波器的特性，当输入频率 $\omega > \omega_T$ 时，其输出很快衰减，即滤掉输入信号的高频部分。在低频段，输出能较准确地反映输入。

5. 一阶微分环节

频率特性 $G(j\omega) = j\omega T + 1$

若令 $\omega_T = 1/T$，则有

$$G(j\omega) = \frac{\omega_T + j\omega}{\omega_T}$$

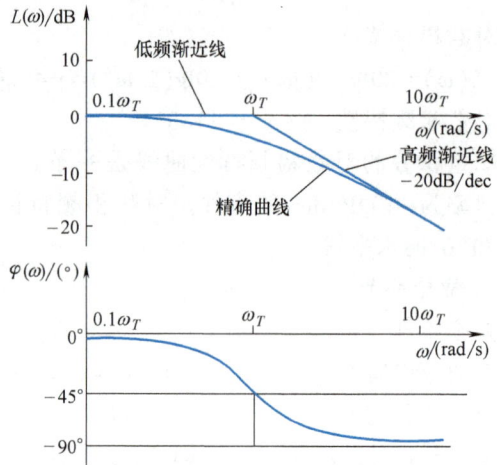

图 4.20　惯性环节的 Bode 图

对数幅频特性

$$L(\omega) = 20\lg|G(j\omega)| = 20\lg\frac{\sqrt{\omega_T^2 + \omega^2}}{\omega_T} = 20\lg\sqrt{\omega_T^2 + \omega^2} - 20\lg\omega_T \tag{4.10}$$

对数相频特性

$$\varphi(\omega) = \angle G(j\omega) = \arctan(\omega/\omega_T) \tag{4.11}$$

当 $\omega \ll \omega_T$ 时，即低频段，式（4.10）和式（4.11）分别为

$$L(\omega) \approx 20\lg\omega_T - 20\lg\omega_T = 0\text{dB}$$

$$\varphi(\omega) = 0°$$

对数幅频特性在低频段可以用渐近线 0dB 线表示，相频特性为 0°。

当 $\omega \gg \omega_T$ 时，即高频段，式（4.10）和式（4.11）分别为

$$L(\omega) \approx 20\lg\omega - 20\lg\omega_T$$

$$\varphi(\omega) = 90°$$

对数幅频特性在高频段的渐近线是一条斜率为 20dB/dec 的直线，相频特性为 90°。

当 $\omega = \omega_T$ 时，式（4.10）和式（4.11）分别为

$$L(\omega) = 20\lg\sqrt{2} \approx 3\text{dB}$$

$$\varphi(\omega) = 45°$$

ω_T 为转角频率。此时幅频特性为 3dB，相频特性为 45°。

一阶微分环节的对数幅频特性和相频特性与惯性环节相比，仅相差一个符号，其 Bode 图与惯性环节的 Bode 图关于横轴对称，如图 4.21 所示。

6. 振荡环节

频率特性

$$G(j\omega) = \frac{\omega_n^2}{(j\omega)^2 + j\omega 2\xi\omega_n + \omega_n^2} = \frac{1}{\left(1 - \frac{\omega^2}{\omega_n^2}\right) + j2\xi\frac{\omega}{\omega_n}}$$

令 $\omega/\omega_n = \lambda$ $G(j\omega) = \dfrac{1}{(1-\lambda^2) + j2\xi\lambda}$ $(0 < \xi < 1)$

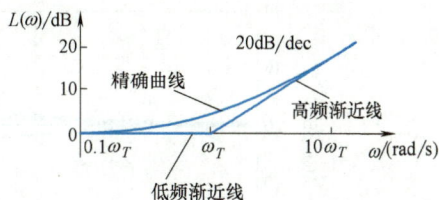

图 4.21 一阶微分环节的 Bode 图

对数幅频特性

$$L(\omega) = 20\lg|G(j\omega)| = -20\lg\sqrt{(1-\lambda^2)^2 + 4\lambda^2\xi^2} \tag{4.12}$$

对数相频特性

$$\varphi(\omega) = \angle G(j\omega) = -\arctan\frac{2\xi\lambda}{1-\lambda^2} \tag{4.13}$$

当 $\omega \ll \omega_n$（$\lambda \approx 0$）时，即低频段，式（4.12）和式（4.13）分别为

$$L(\omega) \approx 0\text{dB}$$
$$\varphi(\omega) = 0°$$

对数幅频特性低频段的渐近线与 0dB 线重合，相频特性为 0°。

当 $\omega \gg \omega_n$（$\lambda \gg 1$）时，即高频段，由于 λ^2 远大于 1 和 ξ^2，则忽略 1 和 $4\xi^2\lambda^2$，式（4.12）和式（4.13）分别为

$$L(\omega) \approx -40\lg\lambda = -40\lg\omega + 40\lg\omega_n$$
$$\varphi(\omega) = -180°$$

对数幅频特性高频段的渐近线是一条斜率为 -40dB/dec 的直线，相频特性为 -180°。

当 $\omega = \omega_n$（$\lambda = 1$）时，式（4.12）和式（4.13）分别为

$$L(\omega) = -20\lg2\xi$$
$$\varphi(\omega) = -90°$$

ω_n 为转角频率。此时对数幅频特性与阻尼比 ξ 有关，ξ 越小，幅值越大。

由 4.2 节可知，当 $0 < \xi \leq 0.707$ 时，幅频特性曲线会出现峰值。由于谐振频率 $\omega_r = \omega_n\sqrt{1-2\xi^2}$，因此，$\xi$ 越小，谐振频率 ω_r 越接近转角频率 ω_n。

振荡环节的 Bode 图如图 4.22 所示。

7. 二阶微分环节

频率特性

$$G(j\omega) = \frac{(j\omega)^2 + j\omega 2\xi\omega_n + \omega_n^2}{\omega_n^2} = \left(1 - \frac{\omega^2}{\omega_n^2}\right) + j2\xi\frac{\omega}{\omega_n}$$

令 $\omega/\omega_n = \lambda$，对数幅频特性

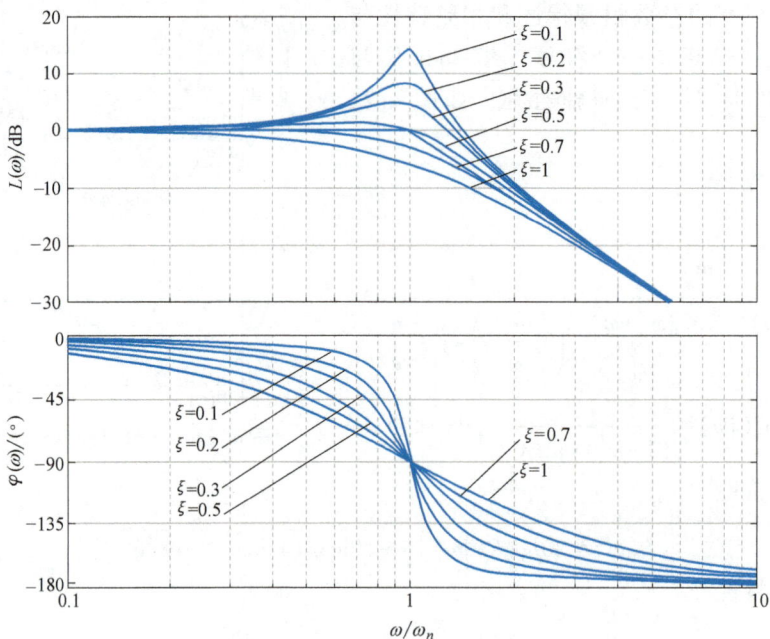

图 4.22　振荡环节的 Bode 图

$$L(\omega) = 20\lg|G(j\omega)| = 20\lg\sqrt{(1-\lambda^2)^2 + 4\lambda^2\xi^2}$$

对数相频特性

$$\varphi(\omega) = \angle G(j\omega) = \arctan\frac{2\xi\lambda}{1-\lambda^2}$$

显然，二阶微分环节和振荡环节的对数频率特性仅相差一个符号。因此，其 Bode 图与振荡环节的 Bode 图关于横轴对称。

8. 延时环节

频率特性 $\qquad G(j\omega) = e^{-j\tau\omega} = \cos\tau\omega - j\sin\tau\omega$

对数幅频特性

$$L(\omega) = 20\lg|G(j\omega)| = 0$$

对数相频特性

$$\varphi(\omega) = -\tau\omega$$

即对数幅频特性为 0dB 线，对数相频特性随 ω 线性增加，在对数坐标系下为一曲线。如图 4.23 所示。

综上所述，各典型环节的对数幅频特性及其渐近线和对数相频特性的特点可归纳如下：

1）对数幅频特性。

积分环节：过（1，0）点，斜率为 -20dB/dec 的直线。

微分环节：过（1，0）点，斜率为 20dB/dec 的直线。

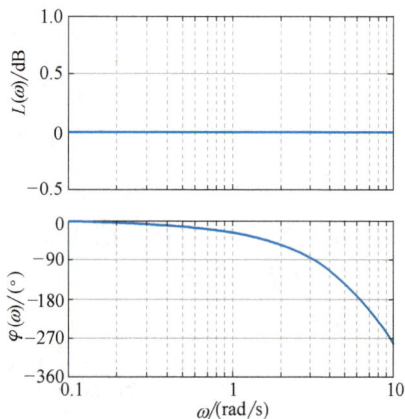

图 4.23　延时环节的 Bode 图

惯性环节：低频段渐近线为 0dB 线，高频段渐近线为始于（ω_T，0）点，斜率为 -20dB/dec 的直线。

一阶微分环节：低频段渐近线为 0dB 线，高频段渐近线为始于（ω_T，0）点，斜率为 20dB/dec 的直线。

振荡环节：低频段渐近线为 0dB 线，高频段渐近线为始于（ω_n，0）点，斜率为 -40dB/dec 的直线。

二阶微分环节：低频段渐近线为 0dB 线，高频段渐近线为始于（ω_n，0）点，斜率为 40dB/dec 的直线。

2）对数相频特性。

积分环节：-90°的水平直线。

微分环节：90°的水平直线。

惯性环节：0~-90°范围内变化的曲线，对称于点（ω_n，-45°）。

一阶微分环节：0~90°范围内变化的曲线，对称于点（ω_n，45°）。

振荡环节：0~-180°范围内变化的曲线，对称于点（ω_n，-90°）。

二阶微分环节：0~180°范围内变化的曲线，对称于点（ω_n，90°）。

4.3.2 系统 Bode 图的绘制方法

掌握了典型环节的 Bode 图后，绘制系统 Bode 图就比较容易，特别是按渐近线绘制 Bode 图很方便。绘制系统 Bode 图的一般步骤如下：

1）将传递函数 $G(s)$ 化为若干个典型环节传递函数的乘积形式。

2）由传递函数 $G(s)$ 求出频率特性 $G(j\omega)$。

3）确定各典型环节的转角频率 ω_T，并把 ω_T 按由小到大顺序排列，对于一阶环节 $\omega_T = 1/T$，二阶环节 $\omega_T = \omega_n$。

4）分别绘出各环节的对数幅频特性的渐近线。

5）将各环节对数幅频特性的渐近线叠加（不包括系统总的增益 K），得到系统的渐近线，在转角频率处，修正误差得到精确曲线。

6）将叠加后的曲线垂直移动 $20\lg K$（dB），得到系统的对数幅频特性曲线。

7）分别绘制各环节的对数相频特性曲线。

8）将各环节相频曲线叠加，得到系统的对数相频特性曲线。

9）有延时环节时，对数幅频特性不变，对数相频特性则应加上 $-\tau\omega$。

例 4.7　已知某系统的传递函数为 $G(s) = \dfrac{200(s+10)}{(s+1)(s+100)}$，试绘制其 Bode 图。

解：1）将传递函数 $G(s)$ 化为典型环节传递函数的乘积形式

$$G(s) = \frac{20(0.1s+1)}{(s+1)(0.01s+1)}$$

该系统由比例环节、一阶微分环节和两个惯性环节组成。

2）系统的频率特性为

$$G(j\omega) = \frac{20(0.1j\omega+1)}{(j\omega+1)(0.01j\omega+1)}$$

3）确定各环节的参数。

比例环节 $K=20$，$L(\omega)=20\lg 20=26\text{dB}$，$\varphi(\omega)=0°$。

惯性环节 $1/(\text{j}\omega+1)$，转角频率 $\omega_{T_1}=1$，$L(\omega)$ 的斜率从 $0\rightarrow-20\text{dB/dec}$，$\varphi(\omega)$ 从 $0\rightarrow-90°$。

一阶微分环节 $(0.1\text{j}\omega+1)$，转角频率 $\omega_{T_2}=10$，$L(\omega)$ 的斜率从 $0\rightarrow20\text{dB/dec}$，$\varphi(\omega)$ 从 $0\rightarrow90°$。

惯性环节 $1/(0.01\text{j}\omega+1)$，转角频率 $\omega_{T_3}=100$，$L(\omega)$ 的斜率从 $0\rightarrow-20\text{dB/dec}$，$\varphi(\omega)$ 从 $0\rightarrow-90°$。

4）分别绘出各环节的对数幅频特性的渐近线和对数相频特性曲线，如图 4.24 中所示的细实线。

5）将各环节对数幅频特性的渐近线进行叠加（图 4.24 中的粗折线），并在转角频率处，修正误差得到精确曲线，如图 4.24 中的细实线 a。

6）将曲线 a 垂直向上移动 26dB，得到系统的对数幅频特性曲线，如图 4.24 中所示的粗实线 b。

7）将各环节对数相频特性曲线叠加后得到系统的对数相频特性曲线，如图 4.24 中所示的粗实线。

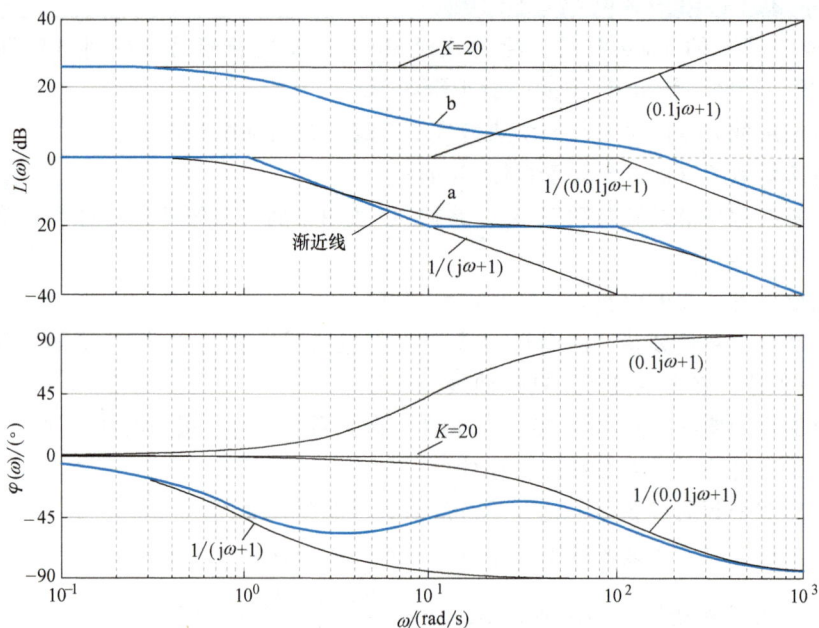

图 4.24　例 4.7 的 Bode 图

例 4.8 已知某系统的传递函数为 $G(s)=\dfrac{400(s+10)}{s(s+4)(s^2+10s+100)}$，试绘制其 Bode 图。

解： 1）将传递函数 $G(s)$ 化为典型环节传递函数的乘积形式

$$G(s)=\frac{10(0.1s+1)}{s(0.25s+1)\left(\dfrac{s^2}{10^2}+\dfrac{s}{10}+1\right)}$$

该系统由比例环节、一阶微分环节、积分环节、惯性环节和振荡环节组成。

2）系统的频率特性为

$$G(j\omega)=\frac{10(0.1j\omega+1)}{j\omega(0.25j\omega+1)\left(\dfrac{(j\omega)^2}{10^2}+\dfrac{2\times0.5}{10}j\omega+1\right)}$$

3）确定各环节的参数

比例环节 $K=10$，$L(\omega)=20\lg10=20\mathrm{dB}$，$\varphi(\omega)=0°$。

积分环节 $1/j\omega$，$L(\omega)$ 为过（1，0）点，斜率为 $-20\mathrm{db/dec}$ 的直线，$\varphi(\omega)=-90°$。

惯性环节 $1/(0.25j\omega+1)$，转角频率 $\omega_{T_1}=4$，$L(\omega)$ 的斜率从 $0\rightarrow-20\mathrm{dB/dec}$，$\varphi(\omega)$ 从 $0\rightarrow-90°$。

一阶微分环节 $(0.1j\omega+1)$，转角频率 $\omega_{T_2}=10$，$L(\omega)$ 的斜率从 $0\rightarrow20\mathrm{dB/dec}$，$\varphi(\omega)$ 从 $0\rightarrow90°$。

振荡环节 $1/[0.01(j\omega)^2+0.1(j\omega)+1]$，转角频率 $\omega_{T_3}=\omega_n=10$，$\xi=0.5$，$L(\omega)$ 的斜率从 $0\rightarrow-40\mathrm{dB/dec}$，$\varphi(\omega)$ 从 $0\rightarrow-180°$。

4）分别绘出各环节的对数幅频特性的渐近线和对数相频特性曲线，如图 4.25 中所示的细实线。

5）将各环节对数幅频特性的渐近线进行叠加，并向上平移 20dB，在转角频率处，修正误差得到精确曲线，如图 4.25 中所示的粗实线。

6）将各环节对数相频特性曲线叠加后得到系统的对数相频特性曲线，如图 4.25 中所示的粗实线。

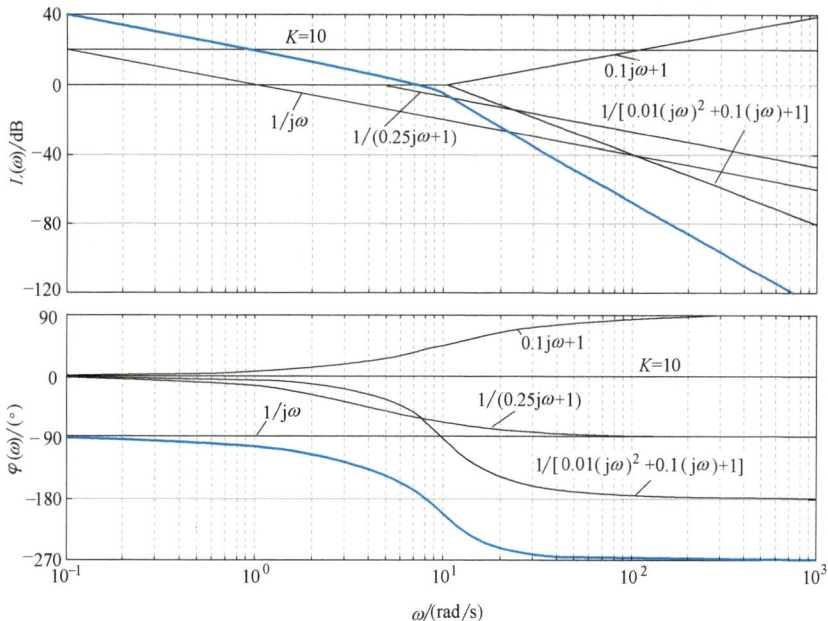

图 4.25　例 4.8 的 Bode 图

4.4 最小相位系统及传递函数估算

4.4.1 最小相位系统与非最小相位系统

若系统传递函数 $G(s)$ 的所有极点和零点均位于复平面 $[s]$ 的左半平面，则该系统称为最小相位系统。当频率从零变化到无穷大时，相角的变化范围最小，当 $\omega = \infty$ 时，其相角为 $-(n-m) \times 90°$。

若系统传递函数 $G(s)$ 有极点或零点在 $[s]$ 的右半平面，则该系统称为非最小相位系统。当频率从零变化到无穷大时，相角的变化范围总是大于最小相位系统的相角范围，当 $\omega = \infty$ 时，其相角不等于 $-(n-m) \times 90°$。

例如，有两个系统，其传递函数分别为

$$G_1(s) = \frac{T_2 s + 1}{T_1 s + 1} \quad G_2(s) = \frac{-T_2 s + 1}{T_1 s + 1} \quad (0 < T_2 < T_1)$$

$G_1(s)$ 的零点和极点均为负值，即位于 $[s]$ 的左半平面，为最小相位系统，$\varphi_1(\omega) = \arctan T_2 \omega - \arctan T_1 \omega$。$G_2(s)$ 的极点为负，但零点为正，即位于 $[s]$ 右半平面，故为非最小相位系统，$\varphi_2(\omega) = -\arctan T_2 \omega - \arctan T_1 \omega$。如图 4.26 所示，两个系统幅频特性 $L(\omega)$ 相同，相频特性 $\varphi_1(\omega)$ 变化范围显然小于 $\varphi_2(\omega)$。

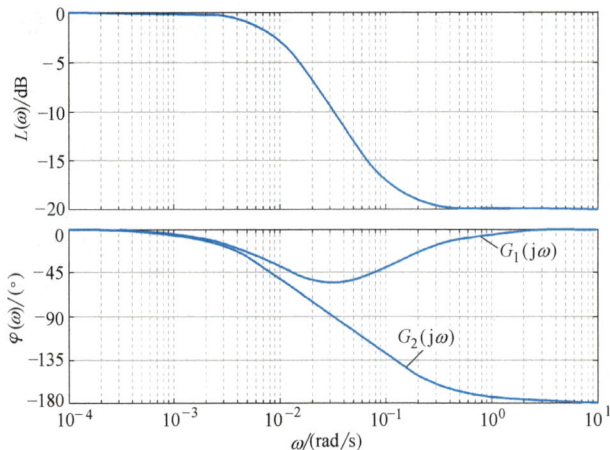

图 4.26 最小相位系统和非最小相位系统的 Bode 图

由以上分析可见，最小相位系统的对数幅频特性和对数相频特性之间存在着确定的对应关系，即一条对数幅频特性曲线 $L(\omega)$，只能唯一的对应一条对数相频特性 $\varphi(\omega)$。因此，利用 Bode 图对系统进行分析时，对于最小相位系统，往往只需画出对数幅频特性即可，并且根据对数幅频特性能够写出其传递函数。本书中若无特殊说明，所研究的系统一般均指最小相位系统。

非最小相位系统由于存在着过大的相位滞后，不仅影响系统的稳定性，也影响系统的快速性，应尽量避免采用。延时环节就是一个典型的非最小相位环节。

4.4.2 系统传递函数估算

在分析和设计控制系统时，首先要建立系统的数学模型，但是在很多情况下，由于实际对象的复杂性，完全从理论上推导出系统的数学模型（或传递函数）及其参数，往往很困难。这时可以采用实验的方法确定系统的数学模型，实现系统辨识。

本节介绍由 Bode 图进行频域系统的辨识方法，即根据频率特性定义，用正弦信号作为激励信号求取实验频率特性，由频率特性的 Bode 图估算系统的传递函数。

一般系统的传递函数写为

$$G(j\omega) = \frac{K(1+j\tau_1\omega)(1+j\tau_2\omega)\cdots(1+j\tau_m\omega)}{(j\omega)^v(1+jT_1\omega)(1+jT_2\omega)\cdots(1+jT_{n-v}\omega)} \tag{4.14}$$

根据实验获得的 Bode 图，确定传递函数的步骤如下：

（1）在 Bode 图上，确定对数幅频特性的渐近线，求出各转角频率 ω_T 用斜率为 0dB/dec、±20dB/dec 和 ±40dB/dec 的直线逼近实验曲线。

（2）根据低频段对数幅频特性渐近线的斜率，确定系统包含积分环节的个数 v 若低频段对数幅频特性渐近线的斜率为 $-20v$dB/dec，系统即为 v 型系统。

（3）根据低频段确定系统的增益 K

在低频段，式（4.14）变为 $\quad G(j\omega) \approx K/(j\omega)^v$

对数幅频特性 $\quad L(\omega) = 20\lg|G(j\omega)| = 20\lg K - 20v\lg\omega$

1）0 型系统（$v=0$）。

$$L(\omega) = 20\lg K$$

低频段对数幅频特性渐近线为一条水平线，增益 K 根据该水平渐近线的高度求出。

2）I 型系统（$v=1$）。

$$L(\omega) = 20\lg K - 20\lg\omega$$

当 $L(\omega) = 0$，即 $L(\omega)$ 或延长线与 0dB 线相交时，对应的频率称为穿越频率 ω_c，此时 $K=\omega_c$。因此，I 型系统低频段对数幅频特性是斜率为 -20dB/dec 的直线，K 满足

$$K = \omega_c$$

3）II 型系统（$v=2$）。

$$L(\omega) = 20\lg K - 40\lg\omega$$

由 $L(\omega_c) = 0$ 得 $K = \omega_c^2$。因此，II 型系统低频段对数幅频特性是斜率为 -40dB/dec 的直线，增益 K 满足

$$K = \omega_c^2$$

显然对于 v 型系统，系统增益

$$K = \omega_c^v \tag{4.15}$$

（4）根据对数幅频特性渐近线在转角频率处斜率的变化，确定对应的环节 从低频段开始，经过一个 ω_T 时，若 $L(\omega)$ 的斜率

增加 -20dB/dec，则对应一个惯性环节 $1/(Tj\omega+1)$，$T = 1/\omega_T$。

增加 20dB/dec，对应一个一阶微分环节 $Tj\omega+1$，$T = 1/\omega_T$。

增加 -40dB/dec，对应一个振荡环节 $G(j\omega) = 1/[T^2(j\omega)^2 + j\omega 2\xi T + 1]$，$T = 1/\omega_T$。

增加 40dB/dec，对应一个二阶微分环节 $G(j\omega) = T^2(j\omega)^2 + j\omega 2\xi T + 1$，$T = 1/\omega_T$。

二阶环节的阻尼比 ξ 可根据实验曲线在转角频率附近的峰值 M_r 确定。在工程实际中，系统阻尼比 $\xi << 1$，谐振频率 ω_r 和转角频率 ω_T（即固有频率 ω_n）相差不大，往往采用近似公式求取 ξ，即

$$M_r \approx -20\lg\xi \tag{4.16}$$

（5）将上述分析中确定的环节串联　即可得到估算的系统频率特性或传递函数。

（6）根据实验测得的相频特性曲线，校验估算的频率特性或传递函数　根据估算的频率特性，绘制相应的相频特性曲线，若系统为最小相位系统，则该曲线与实验所得的相频曲线大致相符，并且在低频段和高频段上严格相符。

如果实验相频特性曲线在高频段不等于 $-(n-m)\times 90°$，则系统为非最小相位系统。随着频率的增大，若实验相频特性与估算得到的相频特性二者相位差增大，且变化率为一常数，则系统必存在延迟环节 $e^{-j\omega\tau}$。这时可以根据实验相频特性高频段斜率求延迟环节的时间常数 τ。

由式（4.14），若系统含有延迟环节，则传递函数为

$$G_1(j\omega) = G(j\omega)e^{-j\omega\tau}$$

其相频特性为

$$\varphi_1(\omega) = \arctan\omega\tau_1 + \cdots + \arctan\omega\tau_m - 90° \cdot v - \arctan\omega T_1 - \cdots - \arctan\omega T_{n-v} - \omega\tau$$

则

$$\lim_{\omega \to \infty} \frac{d\varphi_1(\omega)}{d\omega} = -\tau$$

例 4.9　已知系统的幅频特性如图 4.27 中粗实线所示，求最小相位系统的传递函数。

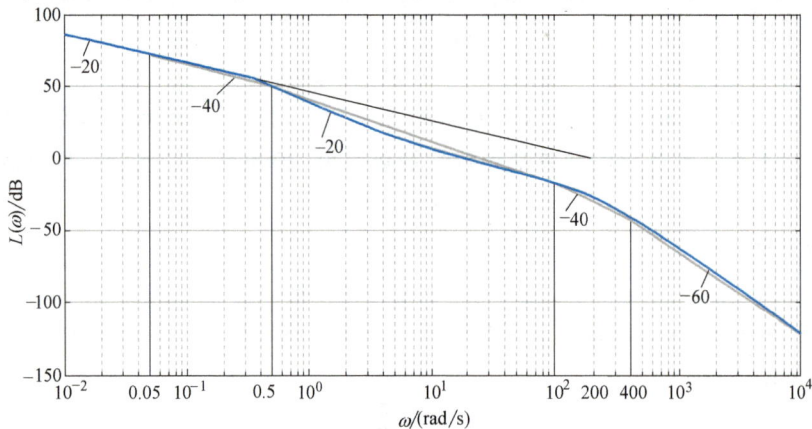

图 4.27　例 4.9 的 Bode 图

解：1）在 Bode 图上，确定对数幅频特性的渐近线，如图 4.27 中所示的细实线，斜率变化依次是 $-20dB/dec \to -40dB/dec \to -20dB/decc \to -40dB/dec \to -60dB/dec$，对应的转角频率分别为 0.05rad/s、0.5rad/s、100rad/s 和 400rad/s。

2）低频段斜率为 $-20dB/dec$ 的直线，该系统为 I 型，即包含一个积分环节。幅频特性渐近线的延长线与 0dB 线的交点频率为 200，故系统增益 $K = 200$。

3）根据对数幅频特性渐近线在转角频率处斜率的变化，确定对应的环节。

$\omega_{T_1} = 0.05$，斜率：$-20\text{dB/dec} \rightarrow -40\text{dB/dec}$，有一惯性环节 $1/(1+20\text{j}\omega)$

$\omega_{T_2} = 0.5$，斜率：$-40\text{dB/dec} \rightarrow -20\text{dB/dec}$，有一个一阶微分环节 $(1+2\text{j}\omega)$

$\omega_{T_3} = 100$，斜率：$-20\text{dB/dec} \rightarrow -40\text{dB/dec}$，有一惯性环节 $1/(1+0.01\text{j}\omega)$

$\omega_{T_3} = 400$，斜率：$-40\text{dB/dec} \rightarrow -60\text{dB/dec}$，有一惯性环节 $1/(1+0.0025\text{j}\omega)$

4）最小相位系统传递函数

$$G(s) = \frac{200(1+2s)}{s(1+20s)(1+0.01s)(1+0.0025s)}$$

例 4.10 实验做出的 Bode 图如图 4.28 中的粗实线所示，试求该系统的传递函数。

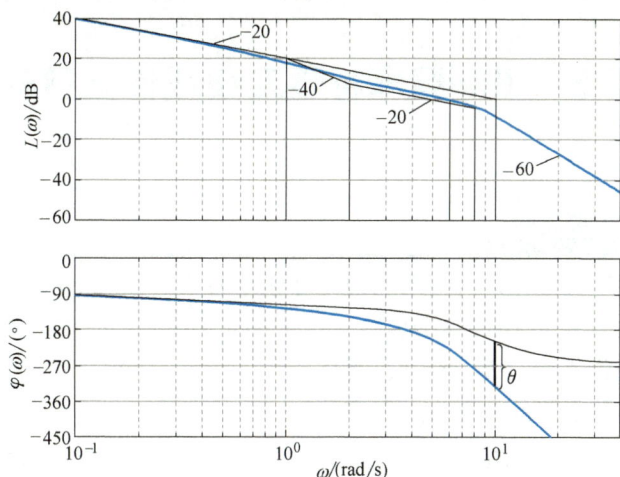

图 4.28 例 4.10 的 Bode 图

解：1）在 Bode 图上，确定对数幅频特性的渐近线，如图 4.28 中所示的细实线，斜率变化依次是 $-20\text{dB/dec} \rightarrow -40\text{dB/dec} \rightarrow -20\text{dB/decc} \rightarrow -60\text{dB/dec}$，对应的转角频率分别为 1rad/s、2rad/s 和 8rad/s。

2）低频段斜率为 -20dB/dec 的直线，该系统包含一个积分环节。幅频特性渐近线的延长线与 0dB 线的交点频率为 10，故系统增益 $K = 10$。

3）根据对数幅频特性渐近线在转角频率处斜率的变化，确定对应的环节。

$\omega_{T_1} = 1$，斜率：$-20\text{dB/dec} \rightarrow -40\text{dB/dec}$，有一惯性环节 $1/(1+\text{j}\omega)$。

$\omega_{T_2} = 2$，斜率：$-40\text{dB/dec} \rightarrow -20\text{dB/dec}$，有一个一阶微分环节 $(1+0.5\text{j}\omega)$。

$\omega_{T_3} = 8$，斜率：$-20\text{dB/dec} \rightarrow -60\text{dB/dec}$，有一振荡环节 $1/[0.125^2(\text{j}\omega)^2 + \text{j}\omega 0.25\xi + 1]$，阻尼比 ξ 根据转角频率 $\omega_n = 8\text{rad/s}$ 和谐振频率 ω_r 求出。由图 4.28 可知 $\omega_r = 6\text{rad/s}$，根据

$$\omega_r = \omega_n\sqrt{1-2\xi^2} = 6\text{rad/s}$$

求得 $\xi = 0.5$。

4）最小相位传递函数

$$G(s) = \frac{10(1+0.5s)}{s(1+s)(0.125^2 s^2 + 0.125s + 1)} \qquad (4.17)$$

5）用实验得到的相频特性曲线进行验证。

由式（4.17）得到的相频特性曲线如图 4.28 中所示的细实线，显然与实验测得的相频

特性曲线不符。随着频率的增加，实验相位滞后量迅速增大，表明系统存在延迟环节。

由图 4.28 可知，当 $\omega=10\mathrm{rad/s}$ 时，两条相频曲线相差 $\theta=115°$，由 $\theta=\omega\tau$ 得

$$\tau=\frac{\theta}{\omega}=\frac{115°\times\dfrac{\pi}{180°}}{10\mathrm{rad/s}}=0.2\mathrm{s}$$

实际计算时，可以多取几个 ω 进行核算，以求得平均的 τ 值。

6）系统的传递函数

$$G_1(s)=G(s)\,\mathrm{e}^{-0.2s}=\frac{320(s+2)\,\mathrm{e}^{-0.2s}}{s(s+1)(s^2+8s+64)}$$

4.5 闭环频率特性及频域性能指标

4.5.1 闭环频率特性

由系统的开环频率特性可以得到系统的闭环频率特性。图 4.29 所示为典型的闭环控制系统，开环传递函数为 $G_K(s)=G(s)H(s)$。

对于单位反馈控制系统，$H(s)=1$，闭环传递函数和开环传递函数之间的关系为

$$G_B(s)=\frac{X_o(s)}{X_i(s)}=\frac{G(s)}{1+G(s)}$$

闭环频率特性

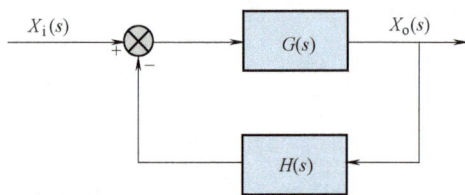

图 4.29　典型闭环控制系统功能图

$$G_B(\mathrm{j}\omega)=\frac{G(\mathrm{j}\omega)}{1+G(\mathrm{j}\omega)}=A(\omega)\,\mathrm{e}^{\mathrm{j}\varphi(\omega)}$$

$A(\omega)$ 为闭环频率特性的幅值，$\varphi(\omega)$ 为其相位。因此，已知开环频率特性，就可以求出闭环频率特性。

对于非单位反馈控制系统，闭环频率特性为

$$G_B(\mathrm{j}\omega)=\frac{G(\mathrm{j}\omega)}{1+G(\mathrm{j}\omega)H(\mathrm{j}\omega)}=\frac{G_K(\mathrm{j}\omega)}{1+G_K(\mathrm{j}\omega)}\frac{1}{H(\mathrm{j}\omega)} \qquad (4.18)$$

令

$$\frac{G_K(\mathrm{j}\omega)}{1+G_K(\mathrm{j}\omega)}=A_1(\omega)\,\mathrm{e}^{\mathrm{j}\varphi_1(\omega)}$$

$$H(\mathrm{j}\omega)=A_2(\omega)\,\mathrm{e}^{\mathrm{j}\varphi_2(\omega)}$$

则

$$G_B(\mathrm{j}\omega)=\frac{A_1(\omega)}{A_2(\omega)}\mathrm{e}^{\mathrm{j}[\varphi_1(\omega)-\varphi_2(\omega)]}=A(\omega)\,\mathrm{e}^{\mathrm{j}\varphi(\omega)}$$

式中，$A(\omega)=\dfrac{A_1(\omega)}{A_2(\omega)}$，$\varphi(\omega)=\varphi_1(\omega)-\varphi_2(\omega)$

显然，式（4.18）中的第一项可以看作是前向通道传递函数为 $G_K(s)$ 的单位反馈系统的频率特性。因此，非单位反馈系统的闭环频率特性可以化为一个单位反馈系统的频率特性

乘以 $1/H(j\omega)$ 。

4.5.2 闭环系统的频域性能指标

在第 3 章时域分析中，介绍了时域性能指标，下面介绍在频域分析时要用到的频域特征量或频域性能指标，如图 4.30 所示。

1. 零频幅值 $A(0)$

零频幅值 $A(0)$ 表示频率 ω 接近于零时，闭环系统输出的幅值与输入的幅值之比。当 $\omega \to 0$ 时，若输出幅值能完全准确地反映输入幅值，则 $A(0)=1$。$A(0)$ 越接近于 1，系统的稳态误差越小。所以 $A(0)$ 的数值与 1 相差的大小，反映了系统的稳态精度。

2. 复现频率 ω_M 及复现带宽

若事先规定一个 Δ 作为反映低频输入信号的允许误差，那么，ω_M 就是幅频特性值与 $A(0)$ 之

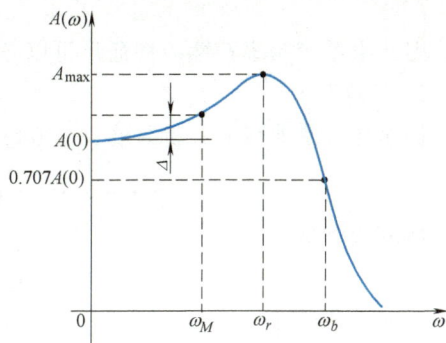

图 4.30 频率特性的特征量

差第一次达到 Δ 时的频率值，称为复现频率。当频率超过 ω_M，输出就不能"复现"输入，所以，$0 \sim \omega_M$ 表征复现低频输入信号的频带宽度，称为复现带宽。

零频幅值 $A(0)$、复现频率 ω_M 和复现带宽 $0 \sim \omega_M$ 都与时域性能指标的稳态性能有关。因此，控制系统的稳态性能主要取决于闭环幅频特性在低频段 $0 \sim \omega_M$ 的形式。

3. 谐振频率 ω_r 及谐振峰值 M_r

谐振峰值 M_r 为谐振频率 ω_r 所对应的闭环幅值 A_{max}，它反映了系统瞬态响应速度和相对平稳性。

对于二阶系统，由最大超调量 $M_p = e^{-\xi\pi/\sqrt{1-\xi^2}}$ 和谐振峰值 $M_r = 1/(2\xi\sqrt{1-\xi^2})$ 可以看出，它们均随 ξ 增大而减小。因此，M_r 越大的系统，相应的 M_p 也越大，瞬态响应的相对稳定性越差。为了提高系统的平稳性，同时使系统又具有一定的快速性，应适当选取 M_r 值。如果选取 $1 < M_r < 1.4$，相当于阻尼比在 $0.4 < \xi < 0.7$ 范围内，这时阶跃响应的最大超调量 $M_p < 25\%$，系统有较满意的过渡过程。

4. 截止频率 ω_b 及截止带宽

一般规定幅频特性 $A(\omega)$ 的数值由零频幅值 $A(0)$ 下降 3dB 时的频率，亦即 $A(\omega)$ 由 $A(0)$ 下降到 $0.707A(0)$ 时的频率为系统的截止频率 ω_b。

频率 $0 \sim \omega_b$ 的范围称为系统的截止带宽或带宽。它表示超过此频率后，输出就急剧衰减，跟不上输入，形成系统响应的截止状态。通常，控制系统的带宽表征系统允许工作的最高频率范围，与瞬态响应时间成反比，带宽越大，则系统的快速性越好。带宽还表示系统对高频噪声所具有的滤波特性，频带越宽，高频噪声信号的抑制能力越差。因此，必须综合考虑选择合适的频带范围。

4.5.3 系统频域指标与时域指标的关系

建立频域指标和时域指标的关系，有助于对各性能指标的理解，同时对分析和设计控制系统具有重要意义。

1. 一阶系统

惯性环节是典型的一阶系统，其单位阶跃响应无超调，过渡过程时间 $t_s = 4T$（取 $\Delta = 2\%$）。通过计算可以得到截止频率 $\omega_b = 1/T$，则有

$$t_s = \frac{4}{\omega_b} \tag{4.19}$$

因此由系统频率特性的特征量可以分析计算其瞬态性能。

2. 二阶系统

振荡环节是典型的二阶系统，当 $0<\xi<0.707$ 时，谐振频率和谐振峰值分别为

$$\omega_r = \omega_n \sqrt{1-2\xi^2}, \quad M_r = 1/(2\xi\sqrt{1-\xi^2})$$

最大超调量为

$$M_p = e^{-\xi\pi/\sqrt{1-\xi^2}}$$

最大超调量和谐振峰值均随阻尼比 ξ 的增大而减小。随着 M_r 的增大，相应的 M_p 也增加。

二阶系统的过渡过程时间为

$$t_s \approx \frac{3 \sim 4}{\xi\omega_n} = \frac{(3 \sim 4)}{\xi\omega_r}\sqrt{1-2\xi^2}$$

可见，当阻尼比一定时，调整时间 t_s 与谐振频率 ω_r 成反比。ω_r 越大，系统的瞬态响应速度越快；反之，ω_r 越小，系统的瞬态响应速度越慢。

习　　题

4.1　什么是系统的频率响应？

4.2　频率特性的图示方法有哪两种？

4.3　什么是最小相位系统和非最小相位系统？

4.4　闭环频率特性的特征量有哪些？

4.5　已知系统的传递函数为 $G(s) = 10/(0.5s+1)$，求在频率 $f=1\mathrm{Hz}$，幅值 $X_i = 10$ 的正弦输入信号作用下，系统稳态输出的幅值和相位。

4.6　已知系统的传递函数为 $G(s) = 10/(s+1)$，试求下列信号输入时，系统的稳态输出。

（1）$x_i(t) = \sin(t+30°)$

（2）$x_i(t) = 2\cos(2t-45°)$

4.7　试求下列系统的幅频 $A(\omega)$、相频 $\varphi(\omega)$、实频 $u(\omega)$ 和虚频 $v(\omega)$。

（1）$G(s) = \dfrac{5}{(30s+1)}$

（2）$G(s) = \dfrac{1}{s(0.2s+1)}$

4.8　绘出具有下列传递函数的系统的 Nyquist 图。

（1）$G(s) = \dfrac{2}{(s+1)(2s+1)}$

（2）$G(s) = \dfrac{1}{s(1+2s)(1+0.5s)}$

（3）$G(s) = \dfrac{1}{s^2(0.2s+1)(0.1s+1)}$

4.9　绘出具有下列传递函数的系统的 Bode 图。

(1) $G(s) = \dfrac{10}{(0.5s+1)(0.1s+1)}$

(2) $G(s) = \dfrac{20}{s(s+2)(s^2+s+2)}$

(3) $G(s) = \dfrac{10(s+1)}{s(s^2+4s+100)}$

4.10 题 4.10 图所示为最小相位系统的开环对数幅频特性曲线,试写出其传递函数。

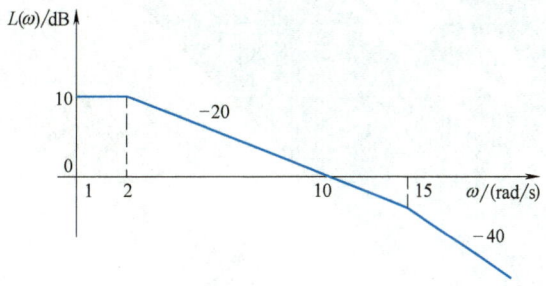

题 4.10 图一

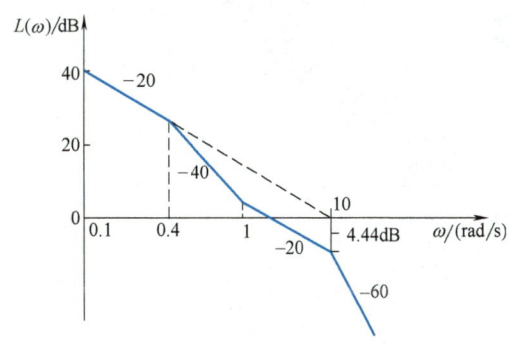

题 4.10 图二

科学家精神

"两弹一星"功勋科学家:
杨嘉墀

第5章

系统稳定性分析

稳定是控制系统正常工作的首要条件，也是控制系统的重要性能指标之一。分析系统的稳定性是经典控制理论的重要组成部分。经典控制理论对判断一个线性定常系统是否稳定提供了多种方法。

5.1 概　　述

5.1.1 稳定性的定义

如果一个系统受到扰动，偏离了原来的平衡状态，而当扰动取消后，这个系统又能逐渐恢复到原来的状态，则称系统是稳定的。否则，称系统是不稳定的。

稳定性反映干扰消失后过渡过程的性质，是系统自身的一种恢复能力，是系统的固有特性，这种固有特性只与系统的结构参数有关，而与输入无关。这样，干扰消失的时候，系统与平衡状态的偏差可以看作是系统的初始偏差。因此，系统的稳定性可以定义如下：

若控制系统在初始偏差的作用下，其时间响应随着时间的推移，逐渐衰减并趋于零，则称系统为稳定。否则，称系统为不稳定。

5.1.2 系统稳定的充分必要条件

设线性定常系统的微分方程为

$$a_n \frac{\mathrm{d}^n}{\mathrm{d}t^n}x_\mathrm{o}(t) + a_{n-1}\frac{\mathrm{d}^{n-1}}{\mathrm{d}t^{n-1}}x_\mathrm{o}(t) + \cdots + a_1\frac{\mathrm{d}}{\mathrm{d}t}x_\mathrm{o}(t) + a_0 x_\mathrm{o}(t)$$

$$= b_m \frac{\mathrm{d}^m}{\mathrm{d}t^m}x_\mathrm{i}(t) + b_{m-1}\frac{\mathrm{d}^{m-1}}{\mathrm{d}t^{m-1}}x_\mathrm{i}(t) + \cdots + b_1\frac{\mathrm{d}}{\mathrm{d}t}x_\mathrm{i}(t) + b_0 x_\mathrm{i}(t) \quad (n \geqslant m) \tag{5.1}$$

对上式进行拉氏变换，得

$$X_\mathrm{o}(s) = \frac{M(s)}{D(s)}X_\mathrm{i}(s) + \frac{N(s)}{D(s)} \tag{5.2}$$

式中

$$M(s) = b_m s^m + b_{m-1}s^{m-1} + \cdots + b_1 s + b_0$$

$$D(s) = a_n s^n + a_{n-1}s^{n-1} + \cdots + a_1 s + a_0$$

$\frac{M(s)}{D(s)} = G(s)$ 为系统的传递函数；$N(s)$ 为与初始条件有关的 s 多项式。

根据稳定性定义，研究系统在初始状态下的时间响应（即零输入响应），取 $X_\mathrm{i}(s) = 0$，得到

$$X_\mathrm{o}(s) = \frac{N(s)}{D(s)}$$

若 s_i 为系统特征方程 $D(s) = 0$ 的根（即系统传递函数的极点，$i = 1, 2, \cdots, n$），且 s_i 各不相同时，则有

$$x_o(t) = L^{-1}[X_o(s)] = L^{-1}\left[\frac{N(s)}{D(s)}\right] = \sum_{i=1}^{n} A_i e^{s_i t} \tag{5.3}$$

式中，A_i 是与初始条件有关的系数。

若系统所有特征根 s_i 的实部 $\mathrm{Re}[s_i] < 0$，则零输入响应随着时间的增长将衰减到零，即

$$\lim_{t \to \infty} x_o(t) = 0$$

此时系统是稳定的。反之，若特征根中有一个或多个根具有正实部，则零输入响应随着时间的增长而发散，即

$$\lim_{t \to \infty} x_o(t) = \infty$$

此时系统是不稳定的。

若系统的特征根具有重根时，只要满足 $\mathrm{Re}[s_i] < 0$，有 $\lim\limits_{t \to \infty} x_o(t) = 0$，系统就是稳定的。

由此可见，系统稳定的充分必要条件是：系统特征方程的根全部具有负实部。系统的特征根就是系统闭环传递函数的极点，因此，系统稳定的充分必要条件还可以表述为：系统闭环传递函数的极点全部位于 $[s]$ 平面的左半平面。

若系统有一对共轭极点位于虚轴上或有一极点位于原点，其余极点均位于 $[s]$ 平面的左半平面，则零输入响应趋于等幅振荡或恒定值，此时系统处于临界稳定状态。由于临界稳定状态往往会导致系统的不稳定，因此，工程上将临界稳定系统视为不稳定系统。

5.2 劳斯稳定判据

线性定常系统稳定的充分必要条件是系统的特征根全部具有负实部。为此，要判断系统的稳定性，就要求解系统的特征根，看这些根是否具有负实部。但当系统的阶次高于 4 阶时，求解特征根比较困难。为了避免对特征方程的直接求解，只讨论特征根的分布，看其是否全部具有负实部，以此来判断系统的稳定性，由此产生了一系列稳定性判据。其中最主要的一个判据就是 1877 年由 E. J. Routh 提出的劳斯（Routh）判据。

劳斯稳定判据也称代数判据，它是基于特征方程根与系数的关系建立的，通过对系统特征方程式的各项系数进行代数运算，得出全部特征根具有负实部的条件，以此来判断系统的稳定性。

5.2.1 系统稳定的必要条件

设系统的特征方程为

$$D(s) = a_n s^n + a_{n-1} s^{n-1} + \cdots + a_1 s + a_0 = 0$$
$$= a_n \left(s^n + \frac{a_{n-1}}{a_n} s^{n-1} + \cdots + \frac{a_1}{a_n} s + \frac{a_0}{a_n} \right) = a_n (s - s_1)(s - s_2) \cdots (s - s_n) = 0 \tag{5.4}$$

式中，s_1，s_2，$\cdots$，s_n 为特征方程的特征根。

由根与系数的关系可求得

$$\left.\begin{array}{l} \dfrac{a_{n-1}}{a_n} = -(s_1+s_2+\cdots+s_n) \\[3mm] \dfrac{a_{n-2}}{a_n} = +(s_1s_2+s_1s_3+\cdots+s_{n-1}s_n) \\[3mm] \dfrac{a_{n-3}}{a_n} = -(s_1s_2s_3+s_1s_2s_4+\cdots+s_{n-2}s_{n-1}s_n) \\[2mm] \qquad\qquad\qquad\vdots \\[2mm] \dfrac{a_0}{a_n} = (-1)^n(s_1s_2\cdots s_n) \end{array}\right\} \qquad (5.5)$$

从式（5.5）可知，要使全部特征根 s_1，s_2，$\cdots$，s_n 全部具有负实部，就必须满足以下两个条件：

1）特征方程的各项系数 a_i（$i=0$，1，2，$\cdots$，n）都不等于零。因为若有一个系数为零，则必出现实部为零的特征根或实部有正有负的特征根，才能满足式（5.5）中各式，此时系统为临界稳定（根在虚轴上）或不稳定（根具有正实部）。

2）特征方程的各项系数 a_i 的符号都相同，才能满足式（5.5）中各式。按习惯，a_n 一般取正值，因此上述两个条件可归结为系统稳定的必要条件，即 $a_i>0$。但这只是一个必要条件，即使上述条件已满足，系统仍可能不稳定，因为它不是充分条件。

5.2.2 系统稳定的充分条件

设系统的特征方程为

$$D(s) = a_n s^n + a_{n-1} s^{n-1} + \cdots + a_1 s + a_0 = 0$$

将上式中的各项系数，按下面的格式排成劳斯表

$$
\begin{array}{c|cccccc}
s^n & a_n & a_{n-2} & a_{n-4} & a_{n-6} & \cdots \\
s^{n-1} & a_{n-1} & a_{n-3} & a_{n-5} & a_{n-7} & \cdots \\
s^{n-2} & A_1 & A_2 & A_3 & A_4 & \cdots \\
s^{n-3} & B_1 & B_2 & B_3 & B_4 & \cdots \\
\vdots & \vdots & \vdots & \vdots & \vdots \\
s^2 & D_1 & D_2 \\
s^1 & E_1 \\
s^0 & F_1
\end{array}
$$

表中，$A_1 = \dfrac{-\begin{vmatrix} a_n & a_{n-2} \\ a_{n-1} & a_{n-3} \end{vmatrix}}{a_{n-1}}$，$A_2 = \dfrac{-\begin{vmatrix} a_n & a_{n-4} \\ a_{n-1} & a_{n-5} \end{vmatrix}}{a_{n-1}}$，$A_3 = \dfrac{-\begin{vmatrix} a_n & a_{n-6} \\ a_{n-1} & a_{n-7} \end{vmatrix}}{a_{n-1}}$，$\cdots$

$B_1 = \dfrac{-\begin{vmatrix} a_{n-1} & a_{n-3} \\ A_1 & A_2 \end{vmatrix}}{A_1}$，$B_2 = \dfrac{-\begin{vmatrix} a_{n-1} & a_{n-5} \\ A_1 & A_3 \end{vmatrix}}{A_1}$，$B_3 = \dfrac{-\begin{vmatrix} a_{n-1} & a_{n-7} \\ A_1 & A_4 \end{vmatrix}}{A_1}$，$\cdots$

每一行的元素计算到零为止。用同样的方法，求取表中其余行的元素，一直到第 $n+1$

行排完为止。

劳斯稳定判据给出系统稳定的充分条件为：劳斯表中第一列各元素均为正值，且不为零。

劳斯稳定判据还指出：劳斯表中第一列各元素符号改变的次数等于系统特征方程具有正实部特征根的个数。

对于较低阶的系统，可以简化劳斯判据，以便于直接进行稳定性判别。

1) 二阶系统（$n=2$），特征方程为 $D(s)=a_2 s^2+a_1 s+a_0=0$，劳斯表为

$$
\begin{array}{c|cc}
s^2 & a_2 & a_0 \\
s^1 & a_1 & \\
s^0 & a_0 &
\end{array}
$$

可得二阶系统稳定的充要条件为：$a_2>0$，$a_1>0$，$a_0>0$，即

$$a_i>0 \tag{5.6}$$

2) 三阶系统（$n=3$），特征方程为 $D(s)=a_3 s^3+a_2 s^2+a_1 s+a_0=0$，劳斯表为

$$
\begin{array}{c|cc}
s^3 & a_3 & a_1 \\
s^2 & a_2 & a_0 \\
s^1 & \dfrac{a_2 a_1-a_3 a_0}{a_2} & 0 \\
s^0 & a_0 & 0
\end{array}
$$

可得三阶系统稳定的充要条件为：$a_3>0$，$a_2>0$，$a_1>0$，$a_0>0$，$a_1 a_2 > a_0 a_3$，即

$$a_i>0,\ a_1 a_2>a_0 a_3 \tag{5.7}$$

例 5.1　设系统的特征方程为

$$D(s)=s^4+2s^3+3s^2+4s+3=0$$

试用劳斯判据判断系统的稳定性。

解：由特征方程的各项系数可知，系统已满足稳定的必要条件。列劳斯表

$$
\begin{array}{c|ccc}
s^4 & 1 & 3 & 3 \\
s^3 & 2 & 4 & 0 \\
s^2 & 1 & 3 & \\
s^1 & -2 & & \\
s^0 & 3 & &
\end{array}
$$

由劳斯表的第一列看出：系数符号不全为正值，从 $+1 \rightarrow -2 \rightarrow +3$，符号改变两次，说明闭环系统有两个正实部的根，即在 s 的右半平面有两个极点，所以控制系统不稳定。

例 5.2　已知闭环控制系统的特征方程为

$$D(s)=s^3+5Ks^2+(2K+3)s+10=0$$

试确定使该系统稳定的 K 值。

解：已知 $a_3=1$，$a_2=5K$，$a_1=2K+3$，$a_0=10$，由式（5.7）三阶系统稳定的充要条件，有

$$\begin{cases} 5K>0 \\ 2K+3>0 \\ 5K(2K+3)>10 \end{cases}$$

解得 $K>0.5$ 即为所求。

5.2.3 劳斯判据的特殊情况

在应用劳斯判据判别系统是否稳定时，有时会遇到以下两种特殊情况：

1）劳斯表中某一行的第一列元素为零，但该行其余元素不全为零。这种情况下，可以用一个很小的正数 ε 来代替第一列等于零的元素，然后再计算表中其他各元素，最后令 $\varepsilon \to 0$，再按照前述方法对系统稳定性进行判别。

2）劳斯表中某一行的元素全部为零。这时可利用该行的上一行的元素构成一个辅助多项式，并利用这个多项式方程的一阶导数所得到的一组系数来代替该零行，然后继续进行计算。

例 5.3 已知某系统的特征方程为 $D(s)=s^4+2s^3+s^2+2s+1=0$，试用劳斯判据判别系统的稳定性。

解：特征方程系数满足系统稳定的必要条件，列出 Routh 表

$$\begin{array}{c|ccc} s^4 & 1 & 1 & 1 \\ s^3 & 2 & 2 & 0 \\ s^2 & 0\approx\varepsilon & 1 & \\ s^1 & 2-\dfrac{2}{\varepsilon} & & \\ s^0 & 1 & & \end{array}$$

当 $\varepsilon \to 0$ 时，$(2-2/\varepsilon)<0$，劳斯表中第一列各元素符号不全为正，因此系统不稳定。第一列各元素符号改变两次，说明系统有两个具有正实部的根。

例 5.4 已知系统的特征方程为
$$D(s)=s^6+2s^5+8s^4+12s^3+20s^2+16s+16=0$$
试用劳斯判据判别系统的稳定性。

解：特征方程系数满足系统稳定的必要条件，列出 Routh 表

$$\begin{array}{c|cccc} s^6 & 1 & 8 & 20 & 16 \\ s^5 & 2 & 12 & 16 & 0 \\ s^4 & 2 & 12 & 16 & 0 \\ s^3 & 0 & 0 & 0 & \end{array}$$

由于 s^3 行的元素全为零，由其上一行构成辅助多项式为
$$A(s)=2s^4+12s^2+16$$
$A(s)$ 对 s 求导，得一新方程
$$\frac{\mathrm{d}A(s)}{\mathrm{d}s}=8s^3+24s$$

用上式各项系数作为 s^3 行的各项元素，并根据此行再计算劳斯表中 $s^2 \sim s^0$ 行各项元素，得到劳斯表

$$
\begin{array}{c|cccc}
s^6 & 1 & 8 & 20 & 16 \\
s^5 & 2 & 12 & 16 & 0 \\
s^4 & 2 & 12 & 16 & 0 \\
s^3 & 0\to8 & 0\to24 & 0 \\
s^2 & 6 & 16 & 0 \\
s^1 & 8/3 & 0 \\
s^0 & 16 & 0
\end{array}
$$

表中第一列各元素符号都为正，说明系统没有右根，但是因为 s^3 行的各项系数全为零，说明虚轴上有共轭虚根，其根可由辅助方程

$$2s^4+12s^2+16=0$$

解得

$$s_{1,2}=\pm\sqrt{2}\,\mathrm{j}, \quad s_{3,4}=\pm2\mathrm{j}$$

由此可见，系统处于临界稳定状态。

5.3 Nyquist 稳定判据

采用劳斯判据判断系统的稳定性，要求知道闭环系统的特征方程，而实际系统的特征方程往往难以写出，同时该方法不适合对系统的稳定程度作定量的分析。Nyquist 稳定判据也是根据系统稳定的充分必要条件导出的一种稳定性判别方法。它是利用系统开环的 Nyquist 图，来判断系统闭环后的稳定性，是一种几何判据。

应用 Nyquist 稳定判据不必求解闭环系统的特征根就可以判别系统的稳定性，同时还可以得知系统的稳定储备，即相对稳定性以及指出改善系统稳定性的途径。因此，在控制工程中，得到了广泛的应用。

5.3.1 米哈伊洛夫定理

米哈伊洛夫定理是证明 Nyquist 稳定判据的一个引理，它研究系统特征方程的频率特性，根据相角的变化，判断系统的稳定性。

设系统的特征方程为

$$D(s)=a_ns^n+a_{n-1}s^{n-1}+\cdots+a_1s+a_0=0 \tag{5.8}$$

$$D(s)=a_n(s-s_1)(s-s_2)\cdots(s-s_n)=0 \tag{5.9}$$

式中，s_1，s_2，$\cdots$，s_n 为系统的特征根。假设已知根 s_i 在 [s] 平面上的位置，则可以从坐标原点引出向量 s_i 和 s，s_i 和 s 间的连线即向量 $(s-s_i)$，如图 5.1 所示。

在式 (5.9) 中，令 $s=\mathrm{j}\omega$，得到特征方程的频率特性

$$D(\mathrm{j}\omega)=a_n(\mathrm{j}\omega-s_1)(\mathrm{j}\omega-s_2)\cdots(\mathrm{j}\omega-s_n) \tag{5.10}$$

在图 5.2 中所示从各 s_i 点引到 $\mathrm{j}\omega$ 的向量即表示 $(\mathrm{j}\omega-s_i)$。式 (5.10) 是一个复数，它的模和相角分别为

$$|D(\mathrm{j}\omega)|=a_n|\mathrm{j}\omega-s_1||\mathrm{j}\omega-s_2|\cdots|\mathrm{j}\omega-s_n|$$

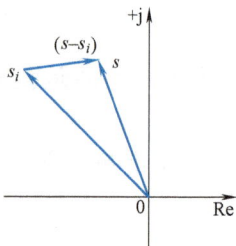

图 5.1 [s] 平面上向量的表示

$$\angle D(j\omega) = \angle(j\omega - s_1) + \angle(j\omega - s_2) + \cdots + \angle(j\omega - s_n) \tag{5.11}$$

当 ω 变化时，$j\omega$ 沿着虚轴变化，向量 $\boldsymbol{D}$ （$j\omega$） 的矢端就沿着虚轴滑动，$\angle D$（$j\omega$） 也相应变化。当 ω 由 $-\infty$ 变到 $+\infty$ 时，如果向量 （$j\omega-s_i$） 的矢端（根 s_i）位于 [s] 平面的左半边，那么 $\angle$（$j\omega$-s_i）逆时针旋转 $+\pi$ 角度；如果向量 （$j\omega$-s_k） 的矢端（根 s_k）位于 [s] 平面的右半边，则 $\angle$（$j\omega$-s_k）顺时针旋转 $-\pi$ 角度，如图 5.3 所示。

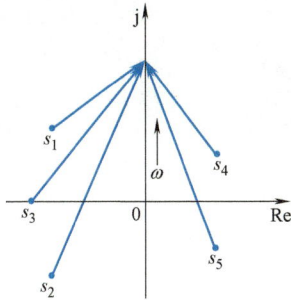

图 5.2　向量 （$j\omega-s_i$） 的表示　　　　图 5.3　向量 （$j\omega-s_i$） 的相角变化

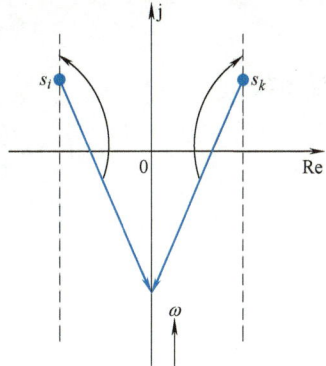

现假定 n 阶特征方程 D（$j\omega$）有 p 个根在 [s] 平面的右半平面，（$n-p$）个根在左平面，则当 ω 由 $-\infty$ 变到 $+\infty$ 时，向量 $\boldsymbol{D}$（$j\omega$）的相角变化为

$$\underset{-\infty \leqslant \omega \leqslant +\infty}{\Delta \angle D(j\omega)} = (n-2p)\pi \tag{5.12}$$

这就是米哈伊洛夫定理。

在式 （5.8） 中，令 $s=j\omega$，得到特征方程的频率特性

$$D(j\omega) = a_n(j\omega)^n + a_{n-1}(j\omega)^{n-1} + \cdots + a_1(j\omega) + a_0 = 0$$

将实部和虚部分开，有

$$D(j\omega) = U(\omega) + jV(\omega) \tag{5.13}$$

式中

$$\left.\begin{array}{l} U(\omega) = a_0 - a_2\omega^2 + a_4\omega^4 - \cdots \\ V(\omega) = a_1\omega - a_3\omega^3 + a_5\omega^5 - \cdots \end{array}\right\}$$

由于

$$\left.\begin{array}{l} U(\omega) = U(-\omega) \\ V(\omega) = -V(-\omega) \end{array}\right\}$$

故

$$D(-j\omega) = U(\omega) - jV(\omega) \tag{5.14}$$

由式 （5.13） 和式 （5.14） 可知，向量 $\boldsymbol{D}$（$j\omega$）在 [s] 平面上是关于实轴对称的，所以米哈伊洛夫定理的公式 （5.12） 还可以写成

$$\underset{0 \leqslant \omega \leqslant +\infty}{\Delta \angle D(j\omega)} = (n-2p)\frac{\pi}{2} \tag{5.15}$$

如果系统是稳定的，它的特征根应全部位于 [s] 平面的左半平面，即 $p=0$，式 （5.15） 变为

$$\Delta_{0 \leqslant \omega \leqslant +\infty} \angle D(j\omega) = n\frac{\pi}{2} \tag{5.16}$$

5.3.2 Nyquist 稳定判据

设闭环控制系统如图 5.4 所示，其开环传递函数为

$$G_K(s) = G(s)H(s) = \frac{M_K(s)}{D_K(s)}$$

闭环传递函数

$$G_B(s) = \frac{G(s)}{1+G_K} = \frac{G(s)}{1+\dfrac{M_K(s)}{D_K(s)}} = \frac{G(s)D_K(s)}{D_K(s)+M_K(s)}$$

令

$$F(s) = 1+G_K = \frac{D_K(s)+M_K(s)}{D_K(s)} = \frac{D_B(s)}{D_K(s)} \tag{5.17}$$

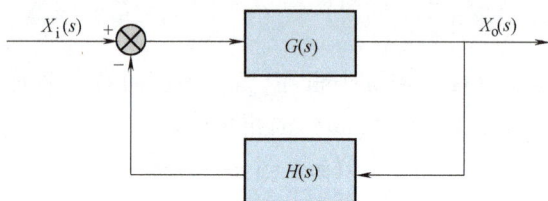

图 5.4　闭环控制系统

$F(s)$ 是新引进的函数，其分母是开环系统的特征方程 $D_K(s)$，而分子是闭环系统的特征方程 $D_B(s)$。由于系统开环传递函数分母阶次大于等于分子阶次，故式（5.17）分子分母阶次相同，均为 n 阶。当 ω 从 0 变到 $+\infty$ 时，$F(j\omega)$ 相角变化为

$$\Delta \angle F(j\omega) = \Delta \angle [1+G_K(j\omega)] = \Delta \angle D_B(j\omega) - \Delta \angle D_K(j\omega) \tag{5.18}$$

1. 开环稳定的系统

如果开环系统稳定，即开环系统的特征根均在 $[s]$ 的左半平面，根据米哈伊洛夫定理

$$\Delta_{0 \leqslant \omega \leqslant +\infty} \angle D_K(j\omega) = n\frac{\pi}{2}$$

欲使闭环系统稳定，则必须满足

$$\Delta_{0 \leqslant \omega \leqslant +\infty} \angle D_B(j\omega) = n\frac{\pi}{2}$$

由式（5.18）有

$$\Delta_{0 \leqslant \omega \leqslant +\infty} \angle F(j\omega) = \Delta \angle D_B(j\omega) - \Delta \angle D_K(j\omega) = n\frac{\pi}{2} - n\frac{\pi}{2} = 0$$

上式说明，系统开环稳定时，当 ω 从 0 变到 $+\infty$ 时，$F(j\omega)$ 相角变化为 0，即 $F(j\omega)$ 的 Nyquist 图不包围原点，则闭环系统稳定。由于 $F(j\omega) = 1+G_K(j\omega)$，所以 $G_K(j\omega)$ 的 Nyquist 图不包围（-1，j0）点，闭环系统稳定，如图 5.5 所示。

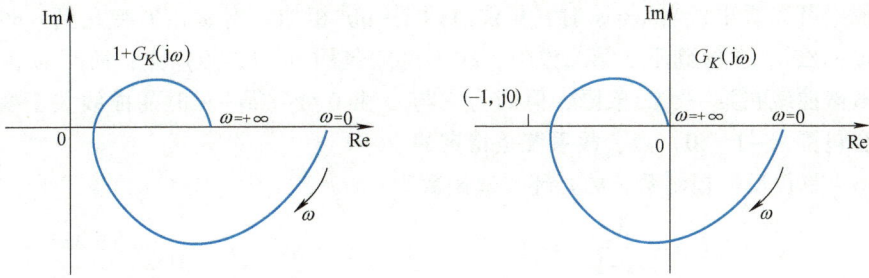

图 5.5　$G_K(j\omega)$ 与 $1+G_K(j\omega)$ 图的比较

2. 开环不稳定的系统

如果开环系统不稳定，设开环系统有 p 特征根在 $[s]$ 的右半平面，$(n-p)$ 个根在左半平面，根据米哈伊洛夫定理

$$\underset{0\le\omega\le+\infty}{\Delta\angle D_K(j\omega)} = (n-2p)\frac{\pi}{2}$$

欲使闭环系统稳定，应有

$$\underset{0\le\omega\le+\infty}{\Delta\angle D_B(j\omega)} = n\frac{\pi}{2}$$

由式（5.18）得

$$\underset{0\le\omega\le+\infty}{\Delta\angle F(j\omega)} = \Delta\angle D_B(j\omega)-\Delta\angle D_K(j\omega)=n\frac{\pi}{2}-(n-2p)\frac{\pi}{2}=p\pi$$

上式说明，开环系统不稳定时，当 ω 从 0 变到 $+\infty$ 时，$F(j\omega)$ 相角逆时针变化 $p\pi$，即 $F(j\omega)$ 的 Nyquist 图逆时针方向包围原点 $p/2$ 次，则闭环系统稳定。而相应的 $G_K(j\omega)$ 的 Nyquist 图逆时针方向包围 $(-1, j0)$ 点 $p/2$ 次，闭环系统稳定。

综上所述，可以将 Nyquist 稳定判据表述如下：

若系统开环传递函数 $G(s)H(s)$ 在 $[s]$ 的右半平面有 p 个极点，当 ω 从 0 变化到 $+\infty$ 时，其开环频率特性 $G(j\omega)H(j\omega)$ 逆时针方向包围 $(-1, j0)$ 点 $p/2$ 次，则闭环系统稳定；反之，闭环系统就不稳定。

对于开环稳定的系统，即 $p=0$，此时闭环系统稳定的充分必要条件是：系统的开环频率特性 $G(j\omega)H(j\omega)$ 不包围 $(-1, j0)$ 点。

例 5.5　已知系统的开环传递函数为

$$G(s)H(s)=\frac{K}{(1+T_1s)(1+T_2s)}$$

试判别该闭环系统的稳定性。

解： 当 $\omega = 0$ 时，$|G(j\omega)H(j\omega)| = K$，$\angle G(j\omega)H(j\omega) = 0°$。

当 $\omega = \infty$ 时，$|G(j\omega)H(j\omega)| = 0$，$\angle G(j\omega)H(j\omega) = -180°$，其开环 Nyquist 特性曲线如图 5.6 所示。

由于 $G(j\omega)H(j\omega)$ 在 $[s]$ 的右半平面无极点，即

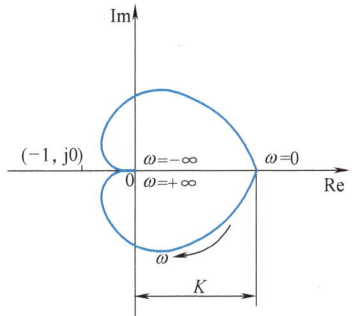

图 5.6　例 5.5 的开环 Nyquist 曲线

$p=0$，且 $G(j\omega)H(j\omega)$ 不包围 $(-1, j0)$ 点，故不论 K 取何正值，系统总是稳定的。

在本例中可以看出，当 $\omega=\infty$ 时，相位由两个 $-90°$ 相加。当 ω 由 0 变化到 $+\infty$ 时，相位最多不超过 $-180°$，曲线到不了第二象限，故不可能包围 $(-1, j0)$ 点；而当 ω 由 $-\infty$ 变化到 0 时，虽然曲线在第一、二象限，但因为它与 ω 由 0 变化到 $+\infty$ 时的曲线关于实轴对称，所以也不会包围 $(-1, j0)$ 点，故系统是稳定的。

例 5.6 单位反馈控制系统的开环传递函数为

$$G_K(s)=\frac{K}{Ts-1}$$

试讨论该闭环系统的稳定性。

解：这是一个不稳定的惯性环节，开环特征方程在 $[s]$ 的右半平面有一个根，即 $p=1$。

当 $K>1$ 时，开环 Nyquist 曲线如图 5.7 中所示的 a，当 ω 从 $-\infty$ 变到 $+\infty$ 时，$G_K(j\omega)$ 逆时针方向包围 $(-1, j0)$ 点一圈，由 Nyquist 稳定判据知闭环系统稳定。

当 $0<K<1$ 时，开环 Nyquist 曲线如图 5.7 中所示的 b，当 ω 从 $-\infty$ 变到 $+\infty$ 时，$G_K(j\omega)$ 不包围 $(-1, j0)$ 点，故此时闭环系统不稳定。

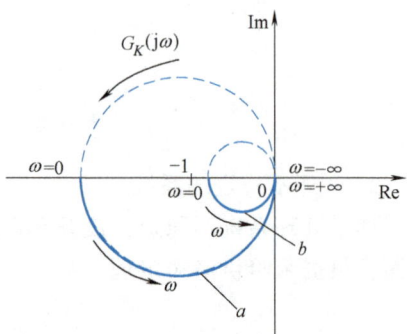

图 5.7　例 5.6 的 Nyquist 图

5.3.3　开环传递函数含有积分环节的稳定性分析

开环系统中含有积分环节，即有零特征根时，设开环传递函数为

$$G_K(j\omega)=\frac{M_K(j\omega)}{(j\omega)^v D_K(j\omega)} \tag{5.19}$$

对于 I 型系统（含有一个积分环节）：$\omega=0$ 时，$G_K(0)=-j\infty$；$\omega=\infty$，$G_K(\infty)=0$，如图 5.8a 中所示的实线。

对于 II 型系统：$\omega=0$ 时，$G_K(0)=-\infty$；$\omega=\infty$，$G_K(\infty)=0$，如图 5.8b 中所示的实线。

对于 III 型系统：$\omega=0$ 时，$G_K(0)=+j\infty$；$\omega=\infty$，$G_K(\infty)=0$，如图 5.8c 中所示的实线。

当 $\omega=\infty$ 时，$G_K(\infty)=0$，$\angle G_K(j\omega)=(m-n)\times\frac{\pi}{2}$。

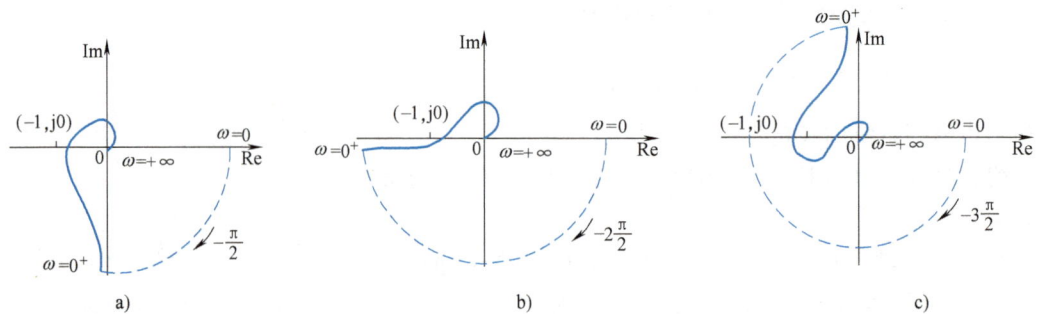

a)　　　　　　　　　　b)　　　　　　　　　　c)

图 5.8　含有积分环节的 Nyquist 图

在上述情况中，开环特性在 $\omega=0$ 处，$G_K(j\omega)\to\infty$，Nyquist 轨迹不连续，很难说明是否包围 $(-1,j0)$ 点。这时可作如下处理，把沿 $j\omega$ 轴闭环的路线在原点处作一修改，以 $\omega=0$ 为圆心，r 为半径，在右半平面作很小的半圆，如图 5.9 所示。小半圆的表达式为

$$s=re^{j\theta}$$

令 $r\to0$，下面来研究此时幅相频特性将怎样变化：

将 $s=re^{j\theta}$ 代入式（5.19）得

$$G_K(j\omega)=\frac{K\prod_{j=1}^{m}(T_jre^{j\theta}+1)}{r^ve^{jv\theta}\prod_{i=1}^{n-v}(T_ire^{j\theta}+1)}=\frac{K}{r^v}e^{-jv\theta}=\infty\,e^{-jv\theta}$$

图 5.9　零根的处理

即幅相频特性为 $\infty\,e^{-jv\theta}$。

当 s 沿小半圆从 $\omega=0^-$ 变到 $\omega=0^+$ 时，θ 从 $-\pi/2$ 经 0 变到 $\pi/2$。这时向量 $G_K(j\omega)$ 的模为 ∞，Nyquist 轨迹将沿无穷大半径按顺时针方向从 $v\dfrac{\pi}{2}$ 变化到 $-v\dfrac{\pi}{2}$。

显然，当 ω 从 0 变到 0^+ 时，对于 I 型、II 型、III 型系统，相角分别由 $0°$ 转到 $-\pi/2$、$-\pi$ 和 $-3\pi/2$，得到了连续变化的 Nyquist 轨迹，如图 5.7 中的虚线。用 Nyquist 稳定判据很容易看出图中的轨迹都不包围 $(-1,j0)$ 点，故闭环系统稳定。

所以，今后习惯上可把开环系统的零根作为左根处理。

例 5.7　控制系统的开环传递函数为

$$G(s)H(s)=\frac{K}{s(1+T_1s)(1+T_2s)}$$

（1）判断不同 K 值时系统的稳定性。

（2）若 $T_1=0.2$，$T_2=0.1$，试判断 K 分别为 2、15 和 40 时，系统的稳定性。

解：（1）系统开环幅相频特性为

$$G(j\omega)H(j\omega)=\frac{K}{j\omega(1+T_1j\omega)(1+T_2j\omega)}=U(\omega)+jV(\omega)$$

由于开环系统中有一积分环节，故 Nyquist 曲线在 $\omega\to0$ 时始于 $-90°$，又因为系统为三阶系统，故 Nyquist 曲线在 $\omega\to\infty$ 时，止于 $-270°$，曲线穿越第 III 和第 II 象限，对应于不同 K 值，开环系统的 Nyquist 特性曲线如图 5.10a 所示。

Nyquist 特性曲线与负实轴交点处的频率为 ω_2，令虚部 $V(\omega)=0$，可得

$$\omega_2=\frac{1}{\sqrt{T_1T_2}}$$

若使系统稳定，必须满足开环 Nyquist 曲线不包围 $(-1,j0)$ 点，即

$$U(\omega)=-\frac{K(T_1T_2)}{(T_1+T_2)}>-1$$

解得

$$K<\frac{T_1+T_2}{T_1T_2}$$

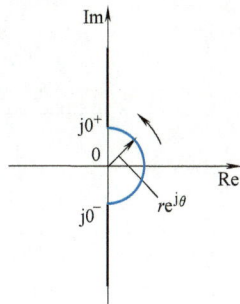

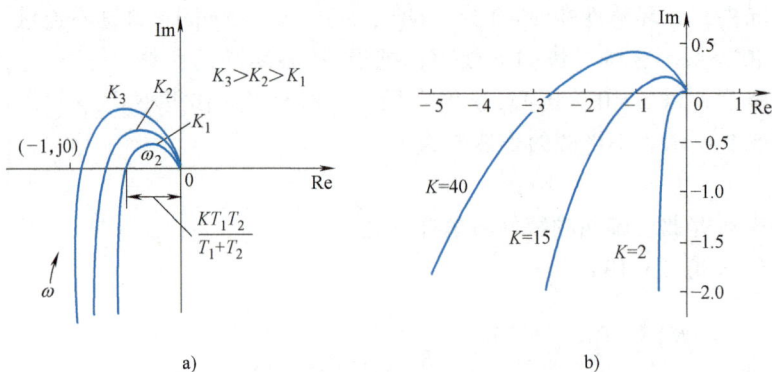

图 5.10 例 5.7 的开环 Nyquist 特性曲线

由此可见，当 $K < \dfrac{T_1+T_2}{T_1 T_2}$ 时，开环 Nyquist 特性曲线不包围（-1，j0）点，闭环系统稳定；当 $K = \dfrac{T_1+T_2}{T_1 T_2}$ 时，Nyquist 特性曲线刚好通过（-1，j0）点，系统临界稳定；当 $K > \dfrac{T_1+T_2}{T_1 T_2}$ 时，开环 Nyquist 特性曲线包围了（-1，j0）点，闭环系统不稳定。

（2）$T_1 = 0.2$，$T_2 = 0.1$，则 $\dfrac{T_1+T_2}{T_1 T_2} = 15$，故 $K = 2$ 时，闭环系统稳定；$K = 15$ 时，闭环系统临界稳定；$K = 40$ 时，闭环系统不稳定，对应的 Nyquist 图如图 5.10b 所示。

例 5.8 设系统的开环传递函数为

$$G(s)H(s) = \frac{K(1+T_4 s)}{s(1+T_1 s)(1+T_2 s)(1+T_3 s)}$$

试判断系统的稳定性。

解： 当 $\omega = 0$ 时，$|G(j\omega)H(j\omega)| = \infty$，$\angle G(j\omega)H(j\omega) = -90°$；

当 $\omega = \infty$ 时，$|G(j\omega)H(j\omega)| = 0$，$\angle G(j\omega)H(j\omega) = -270°$。

开环系统中有一积分环节，Nyquist 曲线在 $\omega \to 0$ 时始于 -90°。又因为系统为四阶系统加一导前环节，因此 Nyquist 曲线在 $\omega \to \infty$ 时，止于 -270°，开环 Nyquist 图穿越第 Ⅲ 和 Ⅱ 象限，如图 5.11 所示。由于开环在 [s] 的右半平面无极点，即 $p = 0$，故：

1）当导前环节作用小，即 T_4 小时，$G(j\omega)H(j\omega)$ 曲线包围（-1，j0）点，闭环系统不稳定，如图 5.11 所示的曲线 1。

2）当导前环节作用大，即 T_4 大时，相位减小，$G(j\omega)H(j\omega)$ 曲线不包围（-1，j0）点，闭环系统稳定，如图 5.11 所示的曲线 2。

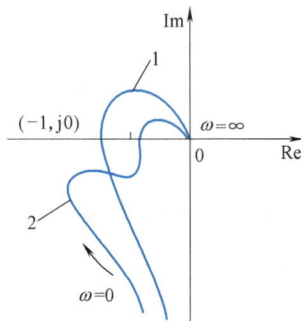

图 5.11 例 5.8 的
开环 Nyquist 曲线

5.3.4 具有延时环节系统的稳定性分析

延时环节是线性环节，在机械工程的许多系统中存在着延时环节，这将给系统的稳定性带来不利的影响。通常延时环节串联在闭环系统的前向通道或反馈通道中。

图 5.12 所示为一具有延时环节的系统功能图，其中 $G_1(s)$ 是除延时环节以外的前向通道传递函数。这时整个系统的开环传递函数为：

$$G_K(s) = G_1(s) e^{-\tau s}$$

对应的频率特性为 $\qquad G_K(j\omega) = G_1(j\omega) e^{-j\tau\omega}$

幅频特性 $\qquad |G_K(j\omega)| = |G_1(j\omega)|$

相频特性 $\qquad \angle G_K(j\omega) = \angle G_1(j\omega) - \tau\omega$

由此可见，延时环节不改变系统的幅频特性，而仅仅使相频特性发生改变，使滞后增加，且 τ 越大，产生的滞后越多。

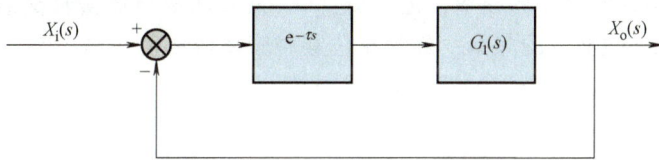

图 5.12　具有延时环节的系统功能图

例 5.9　在图 5.12 所示的系统中，若

$$G_1(s) = \frac{1}{s(s+1)}$$

则开环传递函数及其频率特性分别为

$$G_K(s) = \frac{1}{s(s+1)} e^{-\tau s}$$

$$G_K(j\omega) = \frac{1}{j\omega(j\omega+1)} e^{-j\tau\omega}$$

对应的 Nyquist 图如图 5.13 所示。

由图 5.13 可见，当 $\tau = 0$，即无延时环节时，Nyquist 图的相位不超过 $-180°$，只局限在第 III 象限，此二阶系统是稳定的。随着 τ 值增加，相位也增加，Nyquist 图向左上方偏转，进入第 II 和第 I 象限。当 τ 增加到使 Nyquist 图包围 $(-1, j0)$ 点时，闭环系统就不稳定了。

因此，串联延时环节对稳定性是不利的。虽然一阶或二阶系统总是稳定的，但若存在延时环节，系统可能变为不稳定。因此，对存在延时环节的一阶或二阶系统，为了保证这些系统的稳定性，其开环放大系数 K 就只能限制在很低的范围内，同时，还应尽可能地减小延时时间 τ。

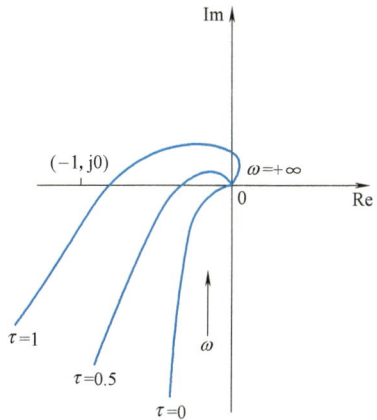

图 5.13　具有延时环节的开环 Nyquist 图

5.4　Bode 稳定判据

Bode 稳定判据实际上是 Nyquist 稳定判据的另一种形式，即利用开环系统的 Bode 图来

判别闭环系统的稳定性。

根据 Nyquist 稳定判据，若开环系统是稳定的，则闭环系统稳定的充分必要条件是开环频率特性不包围（−1，j0）点。如图 5.14a 所示，曲线 1 对应的闭环系统是稳定的；曲线 2 对应的闭环系统是不稳定的。若将图 5.14a 表示的 Nyquist 图转换成 Bode 图，如图 5.14b 所示，两图之间有如下对应关系：

1）Nyquist 图上的单位圆对应于 Bode 图上的 0dB 线，即对数幅频特性图的横轴。单位圆之外对应于对数幅频特性图的 0dB 线之上。

2）Nyquist 图上的负实轴相当于 Bode 图上对数相频特性的 −180°线。

Nyquist 曲线与单位圆交点的频率，即对数幅频特性曲线与横轴交点的频率，称为剪切频率或幅值穿越频率、幅值交界频率，记为 ω_c。Nyquist 曲线与负实轴交点的频率，即对数相频特性曲线与 −180°线交点的频率，称为相位穿越频率或相位交界频率，记为 ω_g。

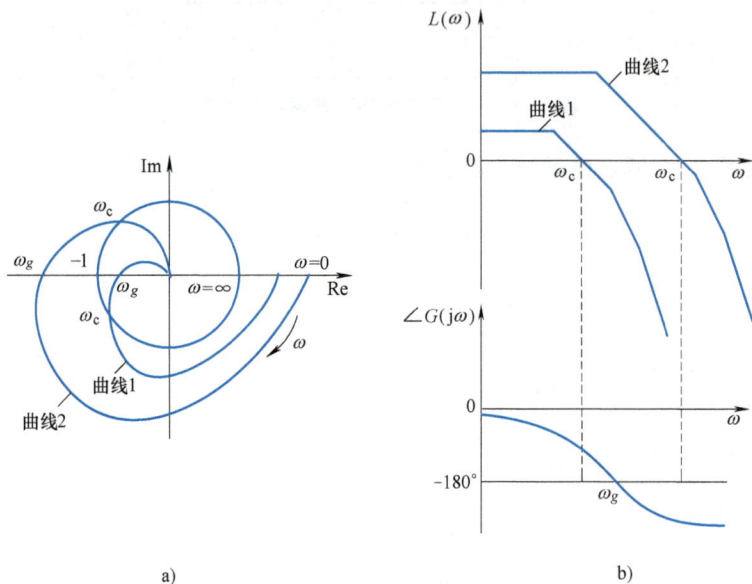

图 5.14 Nyquist 图及其对应的 Bode 图

开环 Nyquist 曲线在（−1，j0）点以左穿过负实轴称为"穿越"，这相当于在 $L(\omega) \geqslant 0$ 的所有频率范围内，对数相频特性穿过 −180°线。当 ω 增加时，开环 Nyquist 曲线自上而下（相位增加）穿过（−1，j0）点以左的负实轴称为正穿越；反之为负穿越。当 ω 增加时，开环 Nyquist 曲线自（−1，j0）点以左的负实轴开始向下称为半次正穿越；反之为半次负穿越。

对应于 Bode 图，在 $L(\omega) \geqslant 0$ 的所有频率范围内，沿 ω 增加方向，对数相频特性曲线自下而上穿过 −180°线为正穿越；反之为负穿越。若对数相频特性曲线自 −180°线开始向上，为半次正穿越；反之为半次负穿越，如图 5.15 所示。

由 Nyquist 图与 Bode 图之间的关系，根据 Nyquist 稳定判据，Bode 稳定判据可表述如下：

如果系统开环是稳定的（即 $p = 0$，通常为最小相位系统），则在开环 Bode 图上 $L(\omega) \geqslant 0$ 的所有频率范围内，其对数相频特性曲线 $\varphi(\omega)$ 不超过 −180°线或正负穿越次数相等，那么

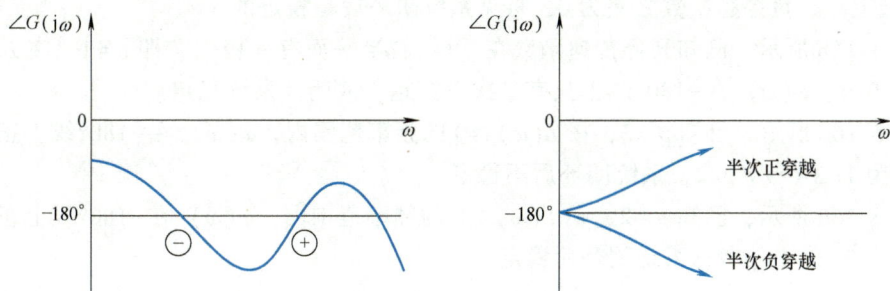

图 5.15　穿越的概念

闭环系统稳定。

　　如果系统开环传递函数在 $[s]$ 的右半平面有 p 个极点，则闭环系统稳定的充要条件是：在开环 Bode 图上 $L(\omega) \geqslant 0$ 的频率范围内，其对数相频特性曲线 $\varphi(\omega)$ 在 $-180°$ 线上正负穿越次数之差为 $p/2$。

　　例 5.10　如图 5.16 所示的四种开环系统 Bode 图，试用 Bode 稳定判据判断系统闭环后的稳定性。

　　解：如图 5.16a 所示，已知 $p=0$，即开环是稳定的，在 $L(\omega) \geqslant 0$ 的频率范围内，$\varphi(\omega)$

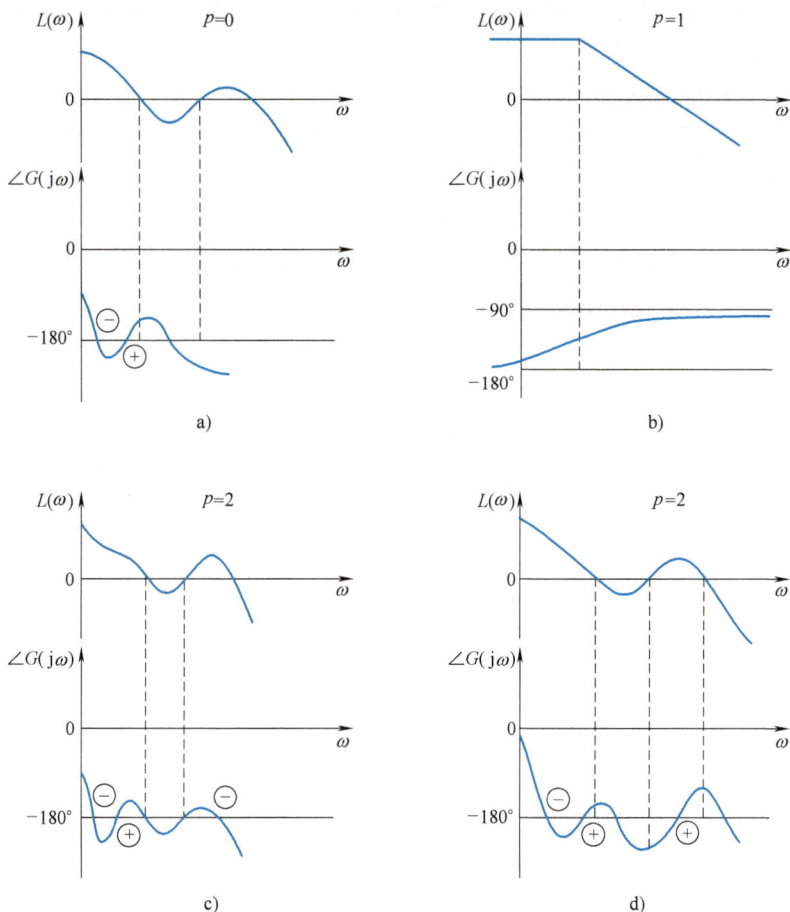

图 5.16　例 5.10 的 Bode 图

在-180°线上正、负穿越次数之差为0，可见系统闭环后是稳定的。

如图 5.16b 所示，已知开环传递函数在 [s] 右半平面有一极点，即 $p=1$，在 $L(\omega) \geqslant 0$ 的频率范围内，$\varphi(\omega)$ 在-180°线上只有半次正穿越，故闭环系统稳定。

如图 5.16c 所示，已知 $p=2$，在 $L(\omega) \geqslant 0$ 的频率范围内，$\varphi(\omega)$ 在-180°线上正负穿越次数之差为 $1-2=-1 \neq p/2$，系统闭环后不稳定。

如图 5.16d 所示，已知 $p=2$，在 $L(\omega) \geqslant 0$ 的频率范围内，$\varphi(\omega)$ 在-180°线上正负穿越次数之差为 $2-1=1=p/2$，系统闭环后稳定。

5.5 系统的相对稳定性

在设计控制系统时，为了使系统能可靠地工作，不仅要求系统稳定，而且还希望系统有足够的稳定储备。相对稳定性是指系统的稳定状态距离不稳定（或临界稳定）状态的程度。从 Nyquist 稳定判据可知，对于开环稳定，闭环也稳定的系统，若开环 Nyquist 曲线离（-1，j0）点越远，则其闭环系统的稳定性越高；开环 Nyquist 曲线离（-1，j0）点越近，则其闭环系统的稳定性越低，这就是相对稳定的概念，通过开环 Nyquist 曲线对（-1，j0）点的靠近程度来表征。其定量表示为相位裕度 γ 和幅值裕度 K_g，如图 5.17a 和 b 所示。

5.5.1 相位裕度

如图 5.17 所示，在 Nyquist 图上，$\omega = \omega_c$ 时，使系统达到临界稳定状态所需附加的相位滞后量，称为相位裕度，用 γ 表示。即

$$\gamma = 180° + \varphi(\omega_c) \tag{5.20}$$

在 Bode 图上，$L(\omega_c) = 0$，其对数相频特性曲线距离-180°线的相位差值即为相位裕度。

对于稳定的系统，γ 必在 Bode 图-180°线以上，为正相位裕度，即有正的稳定性储备，如图 5.17c 所示；对于不稳定的系统，γ 必在 Bode 图-180°线以下，为负相位裕度，如图 5.17d 所示。

相应地，在 Nyquist 图中，γ 为 Nyquist 曲线与单位圆的交点 A 对负实轴的相位差。对于稳定的系统，γ 必在 Nyquist 图负实轴以下，如图 5.17a 所示；对于不稳定的系统，γ 必在 Nyquist 图负实轴以上，如图 5.17b 所示。

5.5.2 幅值裕度

如图 5.17 所示，在 Nyquist 图上，$\omega = \omega_g$ 时，开环幅频特性 $|G(j\omega)H(j\omega)|$ 的倒数，称为幅值裕度，也叫增益裕度，记做 K_g，即

$$K_g = \frac{1}{|G(j\omega_g)H(j\omega_g)|} \tag{5.21}$$

在 Bode 图上，幅值裕度改以分贝（dB）表示为 K_g（dB）

$$K_g(dB) = 20\lg K_g = -20\lg |G(j\omega_g)H(j\omega_g)| = -L(\omega_g) \tag{5.22}$$

对于稳定的系统，K_g（dB）必在 0dB 线以下，K_g（dB）>0，为正幅值裕度，如图 5.17c 所示；对于不稳定的系统，K_g（dB）必在 0 dB 线以上，K_g（dB）<0，为负幅值裕度，如图

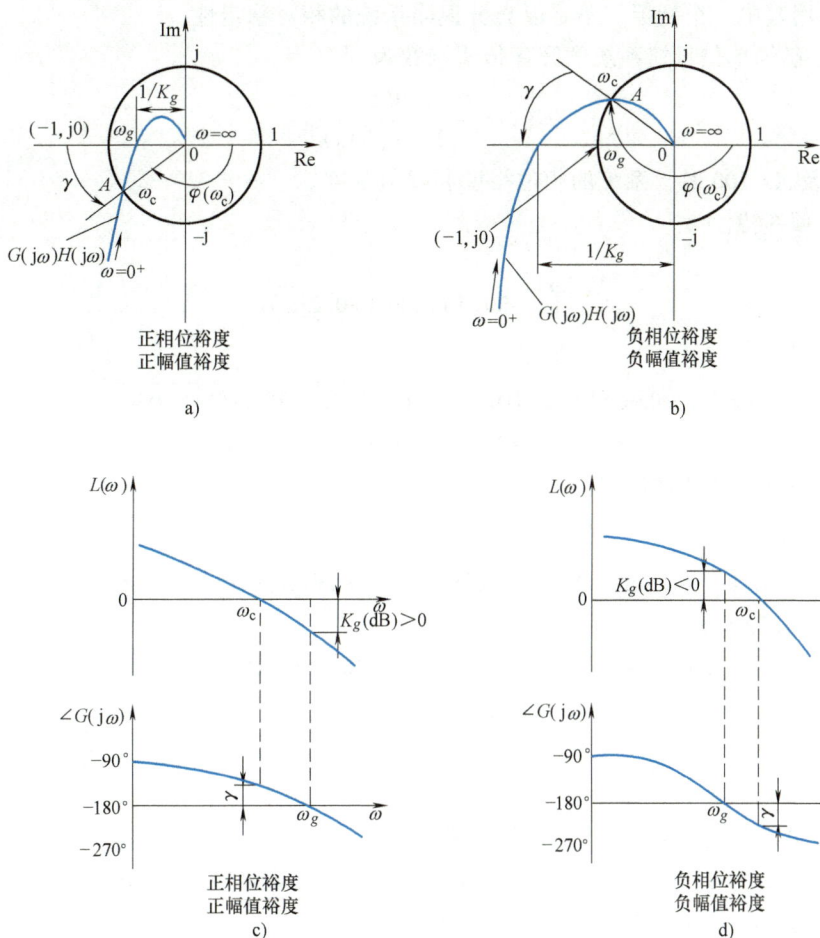

图 5.17　相位裕度与幅值裕度

5.17d 所示。

在 Nyquist 图上，由于

$$\left| G(j\omega_g)H(j\omega_g) \right| = \frac{1}{K_g}$$

所以 Nyquist 曲线与负实轴的交点至原点的距离即为 $1/K_g$，它代表在 ω_g 频率下开环频率特性的模。显然对于稳定系统，$1/K_g < 1$，如图 5.17a 所示；对于不稳定系统，$1/K_g > 1$，如图 5.17b 所示。

综上所述，对于开环稳定的系统（即在 [s] 的右半平面没有极点，$p = 0$），$G(j\omega)H(j\omega)$ 具有正幅值裕度及正相位裕度时，其闭环系统是稳定的；$G(j\omega)H(j\omega)$ 具有负幅值裕度及负相位裕度时，其闭环系统是不稳定的。可见，利用 Nyquist 图或 Bode 图所计算出的 γ、K_g 相同。

在工程实践中，为使系统有满意的稳定性储备，一般希望

$$\gamma(\omega_c) = 30° \sim 60°;$$
$$K_g(dB) > 6dB，即 K_g > 2$$

应当着重指出，为了确定上述系统的相对稳定性，必须同时考虑相位裕度和幅值裕度两

个指标，只应用其中一个指标，不足以充分说明系统的相对稳定性。

例 5.11 已知单位反馈系统的开环传递函数为

$$G(s) = \frac{K}{s(1+s)(5+s)}$$

试求：$K=10$ 及 $K=100$ 时，系统的相位裕度和幅值裕度。

解：开环频率特性为

$$G(j\omega) = \frac{K/5}{j\omega(1+j\omega)(1+0.2j\omega)}$$

对数频率特性为

$$L(\omega) = 20\lg K - 20\lg 5 - 20\lg \omega - 20\lg\sqrt{1+\omega^2} - 20\lg\sqrt{1+0.04\omega^2} \tag{5.23}$$

$$\varphi(\omega) = -90° - \arctan\omega - \arctan 0.2\omega \tag{5.24}$$

1）$K=10$ 时，Bode 图如图 5.18a 所示。

当 $\omega = \omega_c$ 时，$L(\omega_c) = 0$，由式（5.23）有

$$L(\omega_c) = 20\lg 2 - 20\lg \omega_c - 20\lg\sqrt{1+\omega_c^2} - 20\lg\sqrt{1+0.04\omega_c^2} = 0$$

解得 $\omega_c = 1.22 \text{rad/s}$。

或由 Bode 图，$L(\omega)$ 穿越 0dB 时，斜率为 -40dB/dec，有

$$\frac{L(1)-L(\omega_c)}{\lg 1 - \lg \omega_c} = -40$$

解得 $\omega_c = 1.2 \text{rad/s}$。

由式（5.20）和式（5.24），得到相位裕度

$$\gamma = 180° + \varphi(\omega_c) = 180° - 90° - \arctan\omega_c - \arctan 0.2\omega_c = 25°$$

当 $\omega = \omega_g$ 时，$\varphi(\omega_g) = -180°$，由式（5.24）有

$$\varphi(\omega_g) = -90° - \arctan\omega_g - \arctan 0.2\omega_g = -180°$$

即

$$\arctan\omega_g + \arctan 0.2\omega_g = 90°$$

对上式取正切

$$\frac{\omega_g + 0.2\omega_g}{1 - \omega_g \times 0.2\omega_g} = \infty$$

解得 $\omega_g = 2.23 \text{rad/s}$。

由式（5.22）和式（5.23），得到幅值裕度

$$K_g(\text{dB}) = -L(\omega_g) = -20\lg 2 + 20\lg \omega_g + 20\lg\sqrt{1+\omega_g^2} + 20\lg\sqrt{1+0.04\omega_g^2} = 9.5\text{dB}$$

该系统幅值裕度较大，但相位裕度 $\gamma < 30°$，相对稳定性不够满意。

2）$K=100$ 时，对数幅频特性曲线向上平移 20dB，相频特性不变，如图 5.18b 所示。

用同样的方法求得 $\omega_c = 3.9 \text{rad/s}$，$\gamma = -24°$，$\omega_g = 2.24 \text{rad/s}$，$K_g(\text{dB}) = -10.46\text{dB}$，闭环系统不稳定。

例 5.12 已知某单位反馈系统的开环传递函数为

$$G(s) = \frac{K}{s(1+0.2s)(1+0.05s)}$$

试求：（1）$K=1$ 时，系统的相位裕度和幅值裕度。

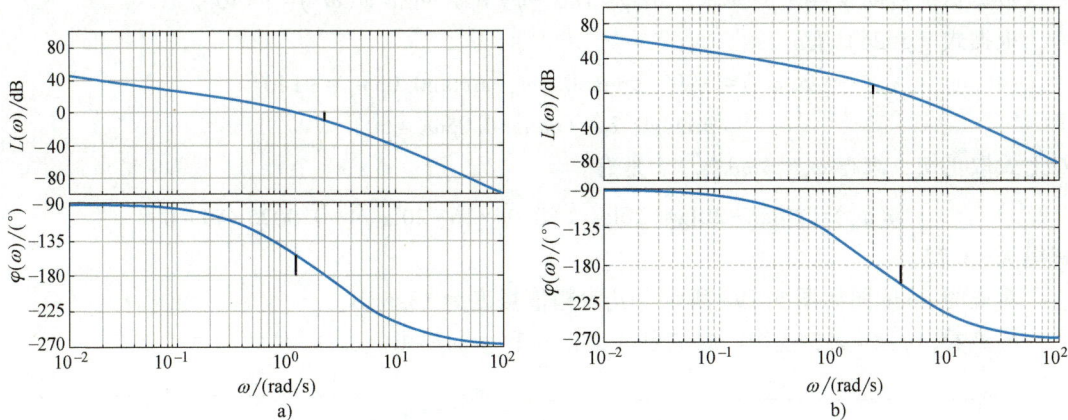

图 5.18　例 5.11 的 Bode 图

（2）要求调整增益 K，使系统的幅值裕度 K_g（dB）$= 20\text{dB}$，相位裕度 $\gamma \geqslant 40°$。

解：开环频率特性为

$$G(j\omega) = \frac{K}{j\omega(1+0.2j\omega)(1+0.05j\omega)}$$

对数频率特性为

$$L(\omega) = 20\lg K - 20\lg\omega - 20\lg\sqrt{1+0.04\omega^2} - 20\lg\sqrt{1+0.0025\omega^2} \tag{5.25}$$

$$\varphi(\omega) = -90° - \arctan 0.2\omega - \arctan 0.05\omega \tag{5.26}$$

（1）$K = 1$ 时，根据 $\varphi(\omega_g) = -180°$，由式（5.26）有

$$\varphi(\omega_g) = -90° - \arctan 0.2\omega_g - \arctan 0.05\omega_g = -180°$$

即

$$\arctan 0.2\omega_g + \arctan 0.05\omega_g = 90°$$

对上式取正切，得

$$\frac{0.2\omega_g + 0.05\omega_g}{1 - 0.2\omega_g \times 0.05\omega_g} = \infty$$

解得 $\omega_g = 10\text{rad/s}$。

将 ω_g 代入式（5.25）得

$$L(\omega_g) = 20\lg 1 - 20\lg 10 - 20\lg\sqrt{1+0.04\times100} - 20\lg\sqrt{1+0.0025\times100}$$

$$= -20\lg 10 - 20\lg 2.236 - 20\lg 1.118 \approx -28\text{dB}$$

幅值裕度

$$K_g(\text{dB}) = -L(\omega_g) = 28\text{dB}$$

根据开环传递函数，可知系统的剪切频率 $\omega_c = 1\text{rad/s}$，代入式（5.26）得

$$\varphi(\omega_c) = -90° - \arctan 0.2 - \arctan 0.05 = -104.17°$$

相位裕度

$$\gamma = 180° + \varphi(\omega_c) \approx 76°$$

Bode 图如图 5.19a 所示。

（2）根据题意 $K_g(\text{dB}) = 20\text{dB}$，即 $L(\omega_g) = -20\text{dB/dec}$，由式（5.25）得

$$-20 = 20\lg K - 20\lg 10 - 20\lg\sqrt{1+0.04\times100} - 20\lg\sqrt{1+0.0025\times100}$$

解得 $K = 2.5$。

对应的 Bode 图如图 5.19b 所示，此时相位裕度为 59°。

根据相位裕度 $\gamma = 40°$ 的要求，由 $\gamma = 180° + \varphi(\omega_c)$ 可得 $\varphi(\omega_c) = -140°$。

根据式（5.26）有

$$\varphi(\omega_c) = -90° - \arctan 0.2\omega_c - \arctan 0.05\omega_c = -140°$$

即

$$\arctan 0.2\omega_c + \arctan 0.05\omega_c = 50°$$

对上式取正切，求得 $\omega_c = 4 \text{rad/s}$。于是有

$$L(\omega_c) = 20\lg K - 20\lg 4 - 20\lg\sqrt{1 + 0.04 \times 16} - 20\lg\sqrt{1 + 0.0025 \times 16} = 0$$

解得 $K = 5.22$。

对应的 Bode 图如图 5.19c 所示，此时幅值裕度为 13.6dB。

不难看出，$K = 2.5$ 就能同时满足 $K_g(\text{dB})$ 和 γ 的要求。

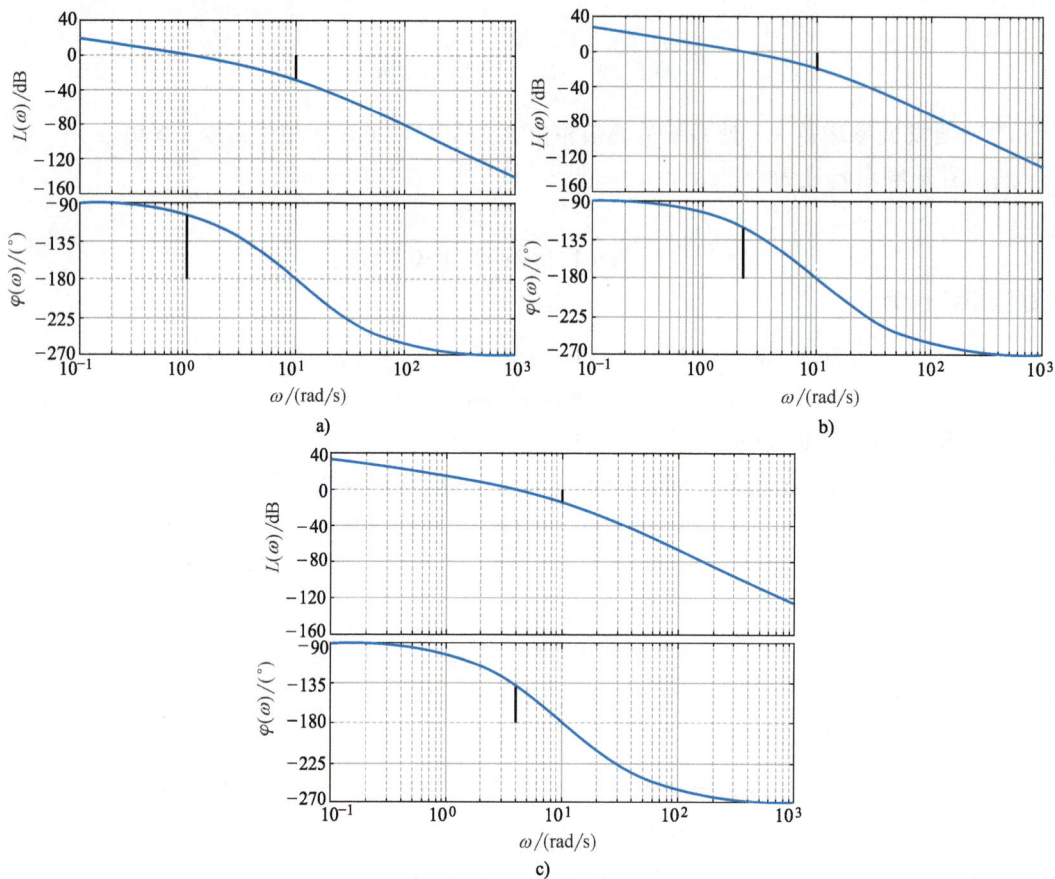

图 5.19　例 5.12 的 Bode 图

习　题

5.1　系统稳定性的定义是什么？控制系统稳定的充分必要条件是什么？

5.2　Nyquist 稳定判据和 Bode 稳定判据的内容是什么？系统的稳定裕度是什么？

5.3　已知系统的特征方程，试用劳斯判据判断系统的稳定性。

（1）$D(s) = s^3 + 21s^2 + 10s + 10 = 0$

（2）$D(s) = s^4 + 8s^3 + 17s^2 + 16s + 5 = 0$

（3） $D(s) = s^4 + 2s^3 + 3s^2 + 4s + 3 = 0$

5.4 已知单位反馈系统的开环传递函数，试用劳斯判据判断闭环系统的稳定性。

（1） $G_K(s) = \dfrac{10(s+1)}{s(s-1)(s+5)}$ （2） $G_K(s) = \dfrac{10}{s(s-1)(s+3)}$

5.5 单位反馈系统的开环传递函数为

$$G_K(s) = \frac{K}{s(s+1)(s+2)}$$

试确定系统稳定时，开环增益 K 的取值范围。

5.6 单位反馈系统的开环传递函数为

$$G_K(s) = \frac{K}{s(0.01s^2 + 0.2K\xi s + 1)}$$

试确定使闭环系统稳定的参数 K 和 ξ 的值。

5.7 设单位反馈系统的开环传递函数为

$$G_K(s) = \frac{K\omega_n^2}{s(s^2 + 2\xi\omega_n s + \omega_n^2)}$$

其中，$\omega_n = 90\text{rad/s}$，$\xi = 0.2$，试确定 K 为何值时，闭环系统才稳定。

5.8 试根据系统开环频率特性，用 Nyquist 稳定判据判断相应闭环系统的稳定性。

（1） $G(\mathrm{j}\omega)H(\mathrm{j}\omega) = \dfrac{10}{(1+\mathrm{j}\omega)(1+2\mathrm{j}\omega)(1+3\mathrm{j}\omega)}$

（2） $G(\mathrm{j}\omega)H(\mathrm{j}\omega) = \dfrac{10}{\mathrm{j}\omega(1+\mathrm{j}\omega)(1+10\mathrm{j}\omega)}$

5.9 若系统的开环传递函数为

$$G_K(s) = \frac{10}{s(1+s)(1+0.2s)}$$

试求相位裕度 γ 和幅值裕度 K_g（dB）。

5.10 设系统的开环传递函数为

$$G_K(s) = \frac{K}{s(1+s)(1+0.1s)}$$

试确定：（1）使系统的幅值裕度 $K_g(\text{dB}) = 20\text{dB}$ 的 K 值；（2）使系统的相位裕度 $\gamma = 60°$ 的 K 值。

科学家精神

“两弹一星”功勋科学家：
钱学森

第 6 章

系统的综合与校正

6.1 概　述

系统的综合与校正就是根据给定的性能指标确定系统的结构和参数匹配。

系统的设计是指根据对被控对象的控制要求确定系统的组成结构，设计或选择元、部件，确定它们的参数等。受控对象、执行元件、功率放大器以及测量反馈元件构成了系统的基本组成部分，该部分除了放大系数可调外，其余的结构和参数一般是固定的，不能任意改变。但单靠调整放大系数一般很难满足系统的各项性能指标要求。因此，必须在系统中增加附加环节，来改变系统的特性，以满足系统给定的性能指标要求，即对系统进行校正。

6.1.1 校正的概念

校正就是对已选定的系统附加一些具有某种典型环节的传递函数，称之为校正环节或校正装置，通过对校正环节参数的配置和系统增益的调整来有效地改善整个系统的控制性能，以达到所要求的性能指标。校正装置有无源和有源两种。常见的无源校正装置是 RC 电路，有源校正装置是以运算放大器为核心元件组成的校正网络。

一个系统的性能指标总是根据它所要完成的具体任务而提出的。以数控机床进给系统为例，主要的性能指标包括死区、最大超调量、稳态误差和带宽等。性能指标的具体数值根据具体要求而定，一个具体系统对指标的要求应有所侧重，如调速系统对于稳定性和稳态精度要求严格，而伺服系统还要求有一定的快速性。

性能指标的提出要有根据。要求响应快，必然会使运动部件具有较高的速度和加速度，这样将承受较大的惯性载荷和离心载荷，如果超过部件强度极限就会遭到破坏，且动力的功率也受到限制，超出最大可能也将无法实现。另一方面，几个性能指标的要求也经常互相矛盾。例如，减小系统的稳态误差往往会降低系统的相对稳定性，甚至导致系统不稳定。在这种情况下，就要考虑哪个性能是主要的并优先加以满足；其他的要求就需要采取折中的方案，并加上必要的校正，使两方面的性能都能得到部分满足。

系统的性能指标，按其类型可分为：

1）时域性能指标：包括瞬态性能指标和稳态性能指标。如上升时间、峰值时间、超调量、调整时间、振荡次数以及误差系数等。

2）频域性能指标：不仅反映系统在频域方面的特性，而且可根据频率特性实验来求得系统在频域中的动态性能，再由此推出时域中的动态性能。如剪切频率、相位裕度、幅值裕度、谐振峰值和频带宽度等。

3）综合性能指标：考虑对系统的某些重要参数应如何取值才能保证系统获得某一最优的综合性能的测度，即对部分性能指标取极值，这些参数值可保证这一综合性能为最优。

本章主要讨论使用频率响应法对系统进行校正。通过引入校正环节，改变频率特性曲线的形状，使系统校正后的频率特性在低频段、中频段和高频段的特性符合要求。

6.1.2 校正的方式

按照校正装置在系统中的连接方法不同，工程中常用的校正方式有串联校正和并联校正

（也称反馈校正）。串联校正是指校正环节串接在控制系统前向通道上；并联校正是指校正环节并接在控制系统前向通道上，可分为反馈校正和前馈校正。如图 6.1 和图 6.2 所示。

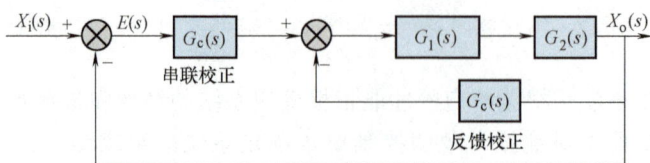

图 6.1　串联校正与并联校正

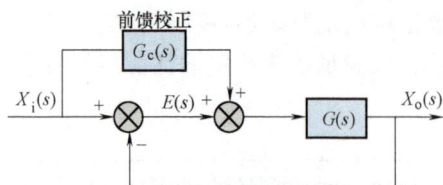

图 6.2　前馈校正

6.2　串联校正

图 6.1 中，$G_c(s)$ 为校正环节的传递函数。$G_1(s)$ 和 $G_2(s)$ 为原系统前向通道的传递函数。为了减少功率损耗，串联校正环节一般安置在能量较低的前端部位上。当采用无源校正装置时，为补偿信号通过校正装置时的幅值衰减，需要增设放大器以提高开环增益。

根据 $G_c(s)$ 的作用不同，串联校正分为相位超前校正、相位滞后校正和相位滞后-超前校正。下面分别介绍这几种校正方法及适用场合。

6.2.1　相位超前校正

增加系统的开环增益可提高系统的响应速度，但又会使相位裕度（或幅值裕度）减小，从而使系统的稳定性下降。因此，为了既能提高系统的响应速度，又能保证系统的其他特性不变坏，可对系统进行相位超前校正。相位超前校正可由 PD 控制器或 RC 电路来实现。

（1）RC 相位超前电路的结构及其频率特性　图 6.3 所示为一 RC 相位超前电路，其传递函数为

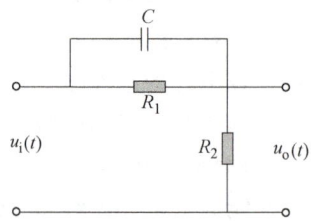

$$G_c(s) = \frac{U_o(s)}{U_i(s)} = \frac{1}{\alpha} \frac{\alpha Ts + 1}{Ts + 1} \qquad (6.1)$$

式中，$T = \dfrac{R_1 R_2}{R_1 + R_2} C$，$\alpha = \dfrac{R_1 + R_2}{R_2} > 1$。

图 6.3　RC 相位超前校正电路

该校正网络由比例环节、一阶微分环节和惯性环节串联组成。当 s 很小时，$G_c(s) \approx 1/\alpha$，即在低频段，此环节相当于比例环节；当 s 较小时，$G_c(s) \approx (Ts+1)/\alpha$，即在中频段，此环节相当于比例微分环节；当 $s \gg 1$ 时，$G_c(s) \approx 1$，即在高频段，此环节不起校正作用。

$G_c(s)$ 的对数频率特性为

$$L_c(\omega) = -20\lg\alpha + 20\lg\sqrt{1+(\alpha T\omega)^2} - 20\lg\sqrt{1+(T\omega)^2}$$

$$\angle G_c(\omega) = \varphi_c(\omega) = \arctan\alpha T\omega - \arctan T\omega \tag{6.2}$$

Bode 图如图 6.4 中的实线所示。其转角频率分别为

$$\omega_1 = \frac{1}{\alpha T},\ \omega_2 = \frac{1}{T}$$

由于相角总是大于 0°，故称为相位超前网络。

利用 $\dfrac{\mathrm{d}\varphi_c(\omega)}{\mathrm{d}\omega} = 0$，可求出产生最大超前相位角的

频率：

$$\omega_{\max} = \frac{1}{T\sqrt{\alpha}} = \frac{1}{\sqrt{\alpha T}}\frac{1}{\sqrt{T}} = \sqrt{\omega_1\omega_2} \tag{6.3}$$

上式取对数得

$$\lg\omega_{\max} = \frac{1}{2}(\lg\omega_1 + \lg\omega_2) \tag{6.4}$$

可见，在 Bode 图上，$\omega_{\max}$ 正好是转折频率 ω_1 和 ω_2 的几何中心。

将式（6.3）代入式（6.2）求得最大超前相位角

$$\varphi_{\max} = \arctan\frac{\alpha-1}{2\sqrt{\alpha}} \tag{6.5}$$

或

$$\varphi_{\max} = \arcsin\frac{\alpha-1}{\alpha+1} \tag{6.6}$$

由式（6.6）可得

$$\alpha = \frac{1+\sin\varphi_{\max}}{1-\sin\varphi_{\max}} \tag{6.7}$$

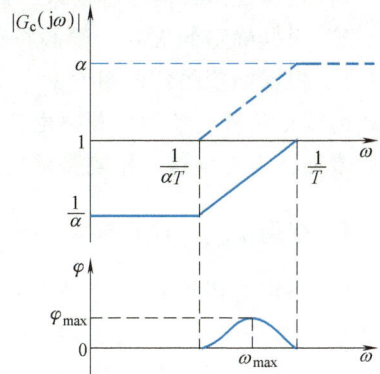

图 6.4　RC 相位超前校正电路的 Bode 图

利用式（6.7），可以根据需要的 $\varphi_{\max}$ 确定 α 的大小，一般常取 $\alpha = 5\sim20$。当 α 过小时，超前校正中的微分作用过弱；α 值越大，相位超前越多，能够获得的相位裕度也越大，但当 α 过大时，由于校正环节的增益下降，会引起原系统开环增益降低，因此需要提高放大器的增益来补偿超前网络带来的衰减。由图 6.4 的对数幅频特性曲线可知，信号通过图 6.3 的超前网络时将产生衰减。因此，为使系统的开环增益不变，用该网络校正系统时还要串接一个增益为 α 的放大器，进行增益补偿，补偿后的相位超前网络的对数幅频特性曲线如图 6.4 中的虚线所示。

当 $\omega > 1/\alpha T$ 时，增益补偿后的超前网络的对数幅频特性曲线高于零分贝，故它将使系统校正后的剪切频率右移，从而加宽了系统的频带，提高了系统的快速性。另外，通过适当地选择网络的参数，使网络出现最大超前角时的频率接近系统的剪切频率，就能有效增加系统的相位裕度，提高系统的相对稳定性。因此，当系统具有满意的稳态性能而动态响应不符合要求时，可采用相位超前校正。

（2）相位超前校正装置的设计方法　利用 RC 相位超前电路校正系统时，主要根据系统校正前的性能和校正后的要求确定校正网络的参数。相位超前校正的基本原理就是利用超前

校正网络的相位超前特性来增大控制系统的相位裕量，改善控制系统的瞬态响应，因此在设计校正装置时应使最大超前相位角尽可能出现在校正后系统的剪切频率 ω_{c2} 处。用频率响应法设计超前校正网络参数的一般步骤如下：

1）根据稳态性能指标要求，确定系统的开环增益 K。

2）根据确定的 K 值，绘制校正前系统的 Bode 图，求校正前系统的相位裕度 γ_1。

3）根据期望的相位裕度 γ_2，计算校正网络的最大超前相位角 $\varphi_{max} = \gamma_2 - \gamma_1 + \Delta\varphi$，由于相位超前校正装置会使剪切频率由校正前的 ω_{c1} 右移到校正后的 ω_{c2}，从而造成原系统的相位滞后增加，为补偿这一影响需留出相位裕量，一般取 $\Delta\varphi = 5° \sim 10°$。

4）根据 φ_{max}，计算参数 $\alpha = \dfrac{1 + \sin\varphi_{max}}{1 - \sin\varphi_{max}}$。

5）确定剪切频率 ω_{c2}。在校正前的开环 Bode 图上找出 $L(\omega) = -10\lg\alpha$ 处的频率 ω_{max}，此频率即为校正后系统的剪切频率 ω_{c2}。

6）确定超前校正装置的转折频率 ω_1 和 ω_2。

由 $\omega_{max} = \dfrac{1}{T\sqrt{\alpha}}$，有 $T = \dfrac{1}{\omega_{max}\sqrt{\alpha}}$，得出 $\omega_1 = \dfrac{1}{\alpha T}$ 和 $\omega_2 = \dfrac{1}{T}$，为补偿校正装置衰减的开环增益，放大倍数需要再提高 α 倍，故校正装置传递函数为

$$G_c(s) = \frac{\alpha Ts + 1}{Ts + 1} = \frac{s/\omega_1 + 1}{s/\omega_2 + 1}$$

7）绘制系统校正后系统的 Bode 图，并校验系统的性能指标。

例 6.1 单位反馈控制系统的开环传递函数为

$$G(s) = \frac{2K}{s(s+2)}$$

若要使系统在单位斜坡输入下的稳态误差 $e_{ss} = 0.05$，相位裕度 $\gamma = 50°$，幅值裕度 $20\lg K_g \geq 10\text{dB}$，试设计系统的校正装置。

解： $G(s) = \dfrac{2K}{s(s+2)} = \dfrac{K}{s(0.5s+1)}$，该系统为 I 型系统。

1）根据稳态误差要求，确定开环增益 K。

$$K = \frac{1}{e_{ss}} = \frac{1}{0.05} = 20$$

2）绘制校正前系统的 Bode 图，如图 6.5 所示。由图可知，校正前系统相位裕度为 $\gamma_1 = 18°$，幅值裕度为 ∞，系统是稳定的。但因相位裕度小于 $50°$，相对稳定性不满足要求。为了满足 $\gamma_2 = 50°$，将相位裕度从 $18°$ 提高到 $50°$，需要采用相位超前校正环节。

3）确定校正装置提供的最大超前相位角 φ_{max}。取 $\Delta\varphi = 6°$，则

$$\varphi_{max} = 50° - 18° + 6° = 38°$$

4）利用式（6.7）确定系数 α 为

$$\alpha = \frac{1 + \sin\varphi_{max}}{1 - \sin\varphi_{max}} = 4.17$$

5）确定校正后剪切频率 ω_{c2}，由

$$L(\omega_{c2}) = -10\lg\alpha = -6.2\text{dB}$$

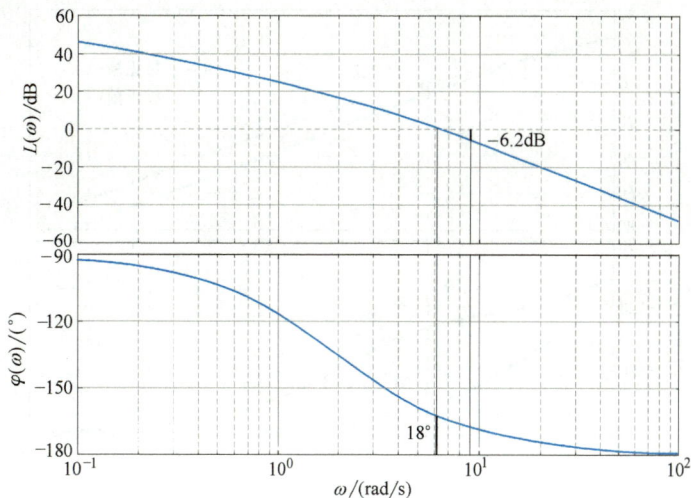

图 6.5 校正前系统的 Bode 图

求得 $\omega_{c2} = 9$ rad/s。

6）确定校正装置的传递函数，由于

$$\omega_{c2} = \omega_{max} = \frac{1}{T\sqrt{\alpha}} = 9\text{rad/s}$$

由式（6.3）可以求出校正装置的转角频率

$$\omega_1 = \frac{1}{\alpha T} = \frac{\omega_{max}}{\sqrt{\alpha}} = 4.34\text{rad/s}$$

$$\omega_2 = \frac{1}{T} = \omega_{max}\sqrt{\alpha} = 18.18\text{rad/s}$$

校正装置的传递函数为

$$G_c(s) = \frac{s/4.34 + 1}{s/18.18 + 1} = \frac{0.32s + 1}{0.055s + 1}$$

7）确定校正后系统的开环传递函数为

$$G_K(s) = G_c(s)G(s) = \frac{0.23s + 1}{0.055s + 1} \frac{20}{s(0.5s + 1)}$$

闭环传递函数为

$$G_B(s) = \frac{G_K(s)}{1 + G_K(s)} = \frac{4.6s + 20}{0.0275s^3 + 0.555s^2 + 5.6s + 20}$$

图 6.6 所示为校正前后系统 Bode 图，图 6.7 所示为校正前后系统的单位阶跃响应曲线。由图可以看出，校正后系统的带宽增加，系统的响应速度得到了提高，瞬态响应得到了显著改善。相位裕度从 18°增加到 50°，提高了系统的相对稳定性，满足系统的性能指标要求。

对于相位超前校正，需要指出的是：

1）超前校正中的 $\Delta\varphi$ 一般根据经验取 5°~10°，是否与实际相符，必须验证，所以在校正装置初步确定后，要校验系统校正后的相位裕度是否满足要求。若不满足要求需要重新调整 $\Delta\varphi$ 的数值，重新设计校正网络，再一次校验相位裕度，直至满足要求为止。

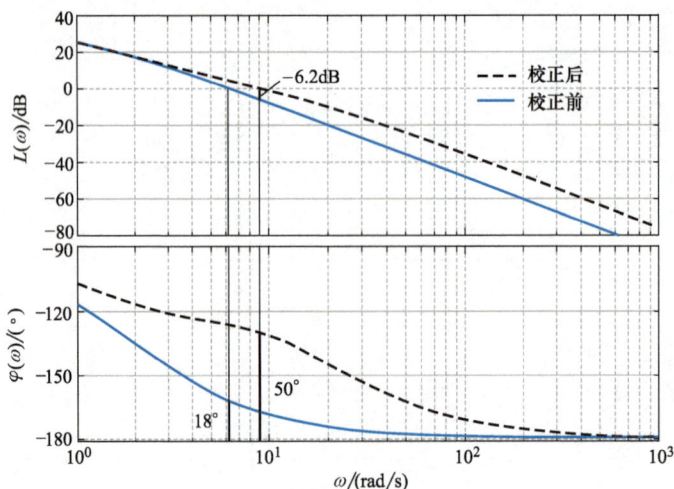

图 6.6 校正前后系统的 Bode 图

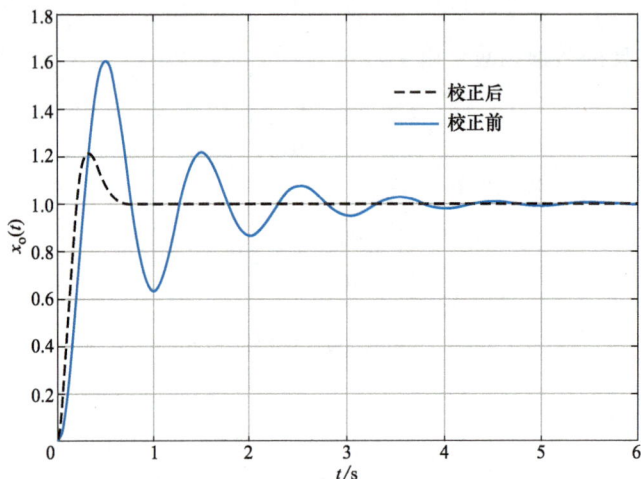

图 6.7 校正前后的单位阶跃响应曲线

2）超前校正有一定的局限性，一般最大相位超前角 $\varphi_{max} \leqslant 60° \sim 70°$，所以当原系统的相位裕度为负值，或在剪切频率附近相频特性曲线下滑剧烈的情况下，都不适合采用超前校正。从对数幅频特性曲线上看，超前校正适用于以 $-40dB/dec$ 的斜率穿越 0dB 线，并且 $-40dB/dec$ 斜率线有一定宽度的系统。

6.2.2 相位滞后校正

系统的稳态误差取决于系统开环传递函数的型次和增益，为了减小稳态误差而又不影响系统的稳定性和响应的快速性，只要加大低频段的增益即可。为此，采用相位滞后校正环节，使输出相位滞后于输入相位，对控制信号产生相移的作用。相位滞后校正可由 RC 相位滞后电路或 PI 控制器来实现。

（1）RC 相位滞后电路的结构及其频率特性 图 6.8 所示为一 RC 相位滞后校正电路，其传递函数为

$$G_c(s) = \frac{U_o(s)}{U_i(s)} = \frac{Ts+1}{\beta Ts+1} \qquad (6.8)$$

式中，$T = R_2 C$，$\beta = \dfrac{R_1+R_2}{R_2} > 1$。

该校正电路由一阶微分环节和一个惯性环节串联组成。当 s 很小时，$G_c(s) \approx 1$，即在低频段，此环节不起校正作用；当 s 较小时，$G_c(s) \approx \dfrac{1}{\beta Ts+1}$，即在中频段，此环节相当于惯性环节；当 $s \gg 1$ 时，$G_c(s) \approx 1/\beta$，即在高频段，此环节相当于比例环节。

图 6.8　无源 RC 相位滞后校正电路

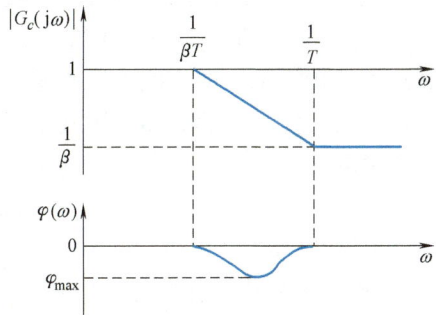

$G_c(s)$ 的对数频率特性为

$$L_c(\omega) = 20\lg\sqrt{1+(T\omega)^2} - 20\lg\sqrt{1+(\beta T\omega)^2}$$
$$\varphi_c(\omega) = \arctan T\omega - \arctan\beta T\omega \qquad (6.9)$$

Bode 图如图 6.9 所示。其转角频率分别为

$$\omega_1 = \frac{1}{\beta T}, \ \omega_2 = \frac{1}{T}$$

由于相角总是小于 0°，故称为相位滞后网络。

利用 $\dfrac{\mathrm{d}\varphi_c(\omega)}{\mathrm{d}\omega} = 0$，可求出产生最大滞后相位角的频率：

$$\omega_{max} = \frac{1}{T\sqrt{\beta}} = \frac{1}{\sqrt{\beta T}}\frac{1}{\sqrt{T}} = \sqrt{\omega_1 \omega_2} \qquad (6.10)$$

图 6.9　相位滞后校正网络的 Bode 图

上式取对数得

$$\lg\omega_{max} = \frac{1}{2}(\lg\omega_1 + \lg\omega_2)$$

可见，ω_{max} 位于频率特性的两个转折频率 ω_1 和 ω_2 的几何中心。

将式（6.10）代入式（6.9）求得最大滞后相位角

$$\varphi_{max} = \arctan\frac{1-\beta}{2\sqrt{\beta}} \qquad (6.11)$$

或

$$\varphi_{max} = \arcsin\frac{1-\beta}{1+\beta} \qquad (6.12)$$

由式（6.12）得

$$\beta = \frac{1-\sin\varphi_{max}}{1+\sin\varphi_{max}} \qquad (6.13)$$

串联相位滞后校正环节并不对低频有用信号产生衰减作用，而是使系统在大于 $\omega_2 = 1/T$ 的高频段增益衰减，并保证在该频段内相位变化很小。为避免使最大滞后相位角发生在校正后系统的剪切频率 ω_{c2} 附近，一般取

$$\omega_2 = \frac{1}{T} = \frac{\omega_{c2}}{10} \sim \frac{\omega_{c2}}{4} \qquad (6.14)$$

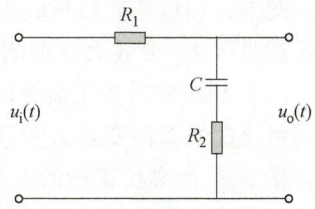

此外，相位滞后校正装置实质上是一个低通滤波器，对低频信号基本无衰减作用，但能削弱高频噪声，β 越大，抑制噪声能力越强。通常取 $\beta = 10$。

（2）相位滞后校正装置的设计方法　采用相位滞后校正后，系统的剪切频率左移，这说明系统的快速性变差。实际上滞后校正是牺牲快速性来换取稳定性。如果选取较大的 T 值，使 ω_{max} 远离校正后的剪切频率 ω_{c2} 而处于相当低的频率上，就可以使校正网络的相位滞后对相位裕度的影响尽可能小。特别当系统能满足静态要求，但不满足幅值裕度和相位裕度要求，而且相频特性在剪切频率附近相位变化明显时，采用滞后校正能收到较好的效果。另一方面，若保证系统原来的相对稳定性，则可以提高系统的开环增益 $1/\beta$ 倍。故当系统具有满意的瞬态响应而稳态性能不符合要求时，也可采用滞后校正。用频率响应法设计滞后校正网络参数的一般步骤是：

1）根据稳态性能指标要求，确定系统的开环增益 K。

2）根据确定的 K 值，绘制校正前系统的 Bode 图，求出校正前系统的相位裕度 γ_1。

3）确定校正后的剪切频率 ω_{c2}。根据期望的相位裕度 γ_2，在校正前的相频特性上找出相角为 $\varphi(\omega) = -180° + \gamma_2 + \Delta\varphi$ 处的 ω_{c2}，为了补偿滞后校正装置在 ω_{c2} 处的相位滞后，式中取 $\Delta\varphi = 5° \sim 10°$，$\omega_{c2}$ 即为校正后的剪切频率。

4）计算参数 β。为使 ω_{c2} 能成为校正后的剪切频率，校正前的对数幅频特性在 ω_{c2} 处的幅值应满足

$$L(\omega_{c2}) = 20\lg\beta \tag{6.15}$$

由上式确定 β。

5）确定滞后校正装置的转折频率

$$\omega_1 = \frac{1}{\beta T}, \ \omega_2 = \frac{1}{T} = \frac{\omega_{c2}}{10} \sim \frac{\omega_{c2}}{4} \tag{6.16}$$

则校正装置的传递函数为

$$G_c(s) = \frac{Ts+1}{\beta Ts+1} = \frac{s/\omega_2+1}{s/\omega_1+1}$$

6）绘制校正后系统的 Bode 图，并校验系统的性能指标。

例 6.2　已知系统的开环传递函数为

$$G(s)H(s) = \frac{K}{s(0.1s+1)(0.2s+1)}$$

试设计校正装置，使系统满足速度误差系数 $K_v = 30$，相位裕度 $\gamma \geq 40°$。

解：1）确定开环增益 K。

$$K_v = \lim_{s\to 0} sG(s)H(s) = \lim_{s\to 0} s\frac{K}{s(0.1s+1)(0.2s+1)}$$

故 $K = 30$。

2）绘制校正前系统的 Bode 图，如图 6.10 中实线所示。由图可求得校正前系统的剪切频率 ω_{c1} 和相位裕度 γ_1 分别为

$$\omega_{c1} = 9.77\text{rad/s}, \ \gamma_1 = -17.2°$$

可见未经校正的系统是不稳定的。从图 6.9 所知，在剪切频率附近相位变化比较大，故采用滞后校正比较合适。

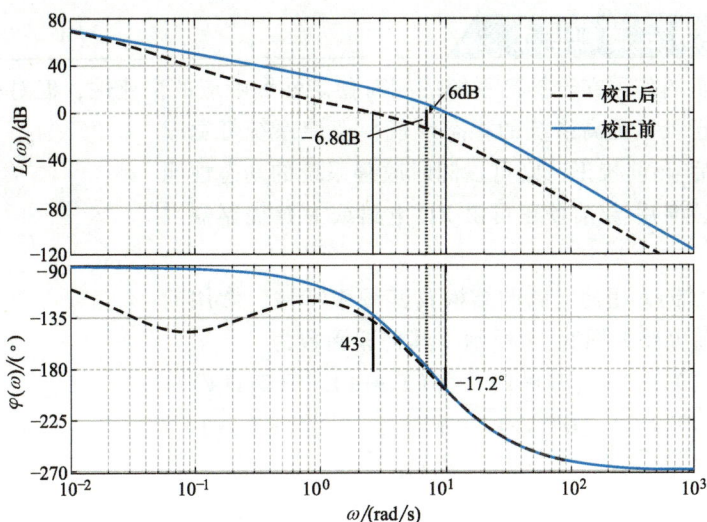

图 6.10　校正前后系统的 Bode 图

3）确定校正后的剪切频率 ω_{c2}，即

$$\varphi(\omega_{c2}) = -180° + \gamma_2 + \Delta\varphi = -180° + 40° + 5° = -135°$$

求得 $\omega_{c2} = 2.6\text{rad/s}$。

4）计算参数 β。

根据式（6.15）有

$$L(\omega_{c2}) = 20\lg\beta = 20$$

求得 $\beta = 10$。

5）确定滞后校正装置的转折频率。

取 $\omega_2 = \dfrac{1}{T} = \dfrac{\omega_{c2}}{10} = \dfrac{2.6}{10} = 0.26\text{rad/s}$，有 $T = 3.85$，$\omega_1 = \dfrac{1}{\beta T} = \dfrac{1}{10 \times 3.85} = 0.026\text{rad/s}$。

则校正装置的传递函数为

$$G_c(s) = \frac{Ts+1}{\beta Ts+1} = \frac{3.85s+1}{38.5s+1}$$

校正后系统的开环传递函数为

$$G_c(s)G(s)H(s) = \frac{30(3.85s+1)}{s(0.1s+1)(0.2s+1)(38.5s+1)}$$

校正后系统的 Bode 图如图 6.10 中虚线所示。由图可见，校正后系统的相位裕度为 43°，大于期望值 40°，设计满足系统要求。

对于相位滞后校正，需要指出的是：

1）滞后校正中的 $\Delta\varphi$ 一般根据经验取 5°~10°，是否与实际相符，也必须验证，所以在校正网络初步确定后，要校验系统校正后的相位裕度是否满足要求。若不满足要求需要重新调整 $\Delta\varphi$ 的数值，重新设计校正网络，再次校验相位裕度，直至满足要求为止。

2）滞后校正也有一定的局限性，如果对校正后的系统有快速性要求，而原系统的剪切频率 ω_{c1} 较小时，由于校正后系统的剪切频率 ω_{c2} 比 ω_{c1} 小得多，故不易达到性能要求。

6.2.3 相位滞后-超前校正

相位超前校正的作用在于提高系统的相对稳定性和响应的快速性，但对稳态性能改善不大。相位滞后校正可以提高系统的稳态性能，但使系统带宽减小。采用相位滞后-超前校正，则可以同时改善系统的动态性能和稳态性能。相位滞后-超前校正可由 RC 电路或 PID 控制器来实现。

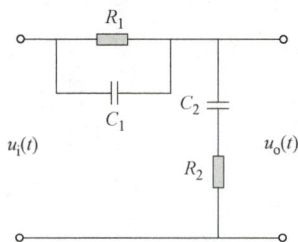

图 6.11　RC 相位滞后-超前电路图

（1）RC 相位滞后-超前电路的结构及其频率特性　常用的RC 相位滞后-超前电路如图 6.11 所示。其传递函数为

$$G_c(s) = \frac{U_o(s)}{U_i(s)} = \frac{(T_1s+1)}{\left(\dfrac{T_1s}{\alpha}+1\right)} \frac{(T_2s+1)}{(\alpha T_2s+1)} = \frac{1}{\alpha}\frac{(T_1s+1)}{\left(\dfrac{T_1s}{\alpha}+1\right)} \alpha \frac{(T_2s+1)}{(\alpha T_2s+1)}$$

(6.17)

式中，$T_1 = R_1C_1$，$T_2 = R_2C_2$，$T_1T_2 = R_1C_1R_2C_2$（取 $T_2 > T_1$），$\dfrac{T_1}{\alpha}+\alpha T_2 = R_1C_1 + R_2C_2 + R_1C_2$（取 $\alpha > 1$）。

由于（$1/\alpha$）<1，式（6.17）右端第一项起相位超前网络作用，第二项起相位滞后网络作用。滞后-超前校正网络的 Bode 图如图 6.12 所示。可以看出，当 $0<\omega<1/T_2$ 时，起滞后网络作用；当 $1/T_2 <\omega<\infty$ 时，起超前网络作用；在 $\omega = 1/\sqrt{T_1T_2}$ 时，相角等于零。

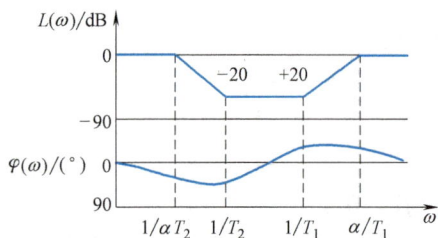

图 6.12　滞后-超前校正网络 Bode 图

（2）相位滞后-超前校正装置的设计方法　采用频率响应法设计相位滞后-超前校正网络参数，实际上是设计超前装置和滞后装置两种方法的结合。滞后校正的作用是把剪切频率左移，从而减小系统在剪切频率处的相位滞后；超前校正的作用是在新的剪切频率处提供一个相位超前角，以增大系统的相位裕度，使其满足动态性能要求。

下面结合一实例介绍相位滞后-超前校正装置的设计方法和步骤。

例 6.3　设某电液伺服单位反馈系统的开环传递函数为

$$G(s) = \frac{K}{s(s+1)(s+2)}$$

试设计校正装置，使校正后系统的静态速度误差系数 $K_v = 10$，相位裕度 $\gamma \geqslant 50°$，幅值裕度 $K_g(\mathrm{dB}) \geqslant 10\mathrm{dB}$。

解：1）系统为 I 型系统，由静态速度误差系数，确定系统的开环增益

$$K_v = \lim_{s\to 0} sG(s) = \lim_{s\to 0} \frac{sK}{s(s+1)(s+2)} = 10$$

得 $K = 20$。

2）根据确定的 K 值，画出校正前系统的 Bode 图，如图 6.13 中所示的粗实线。可求出校正前系统的剪切频率 $\omega_{c1} = 2.43\mathrm{rad/s}$，相位裕度 $\gamma_1 = -28°$，相位穿越频率 $\omega_{g1} = 1.41\mathrm{rad/s}$，

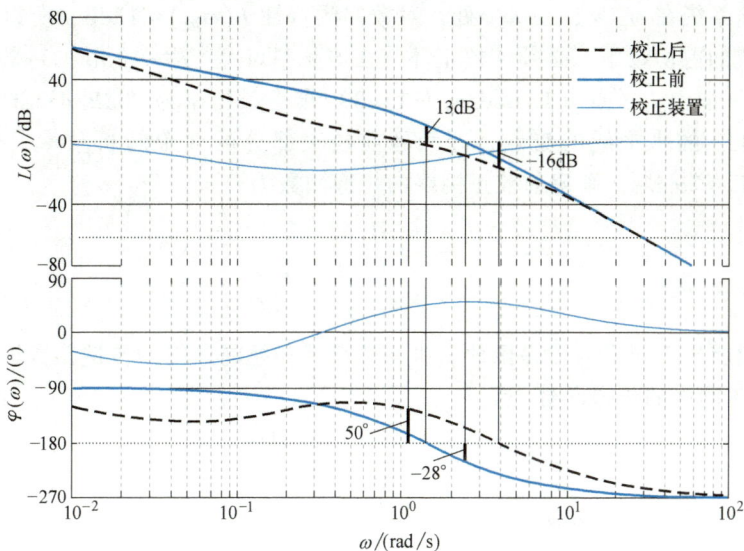

图 6.13 校正装置及校正前后系统的 Bode 图

幅值裕度 $K_g(dB) = -10.5dB$，显然系统不稳定。由于相位裕度 γ_1 与设计要求相差 78°，如果采用一级超前校正，无法实现如此大的相位超前；若采用两级超前校正，校正后系统的剪切频率 ω_{c2} 过大，校正后的系统将对高频噪声非常敏感，无法满足设计要求。如果采用滞后校正，导致 ω_{c2} 很小（$<0.5rad/s$），校正装置的时间常数过大，物理上难以实现，因此考虑采用滞后-超前校正。

3）确定校正后的剪切频率 ω_{c2}。由图 6.13 的相频特性得到校正前系统相位穿越频率 $\omega_{g1} \approx 1.5rad/s$。一般选取 ω_{g1} 作为校正后系统的剪切频率 ω_{c2} 较为合理。这是因为在 $\omega_{c2} = \omega_{g1} = 1.5rad/s$ 处，未校正系统的相位裕度为零，与要求值仅差 50°，这样大小的超前相位角通过一级校正很容易实现。如果在 $\omega>1.5rad/s$ 的频段选取 ω_{c2}，这时未校正系统的相位裕度是负的，势必要求有更大的超前相位角来补偿；若在 $\omega<1.5rad/s$ 的频段选取 ω_{c2}，这样虽然可以降低对串联超前校正的要求，但由于 ω_{c2} 值降低，频带宽变窄，将降低系统的响应速度，这也是不希望的。

4）确定滞后-超前校正装置。当校正后系统的剪切频率 ω_{c2} 确定后，考虑到滞后校正部分对系统相位裕度的影响控制在−5°以内，同时还考虑到滞后校正网络的实现问题，一般可将滞后部分第二个转折频率选在 ω_{c2} 以下十倍频程处，即 $1/T_2 = \omega_{c2}/10 = 0.15rad/s$，则 $T_2 = 6.67s$。

在超前校正装置中，根据式（6.6）计算最大超前相位角 φ_{max}，这里取 $\alpha = 10$，

$$\varphi_{max} = \arcsin\frac{\alpha-1}{\alpha+1} = 54.9°$$

基于要求的相位裕度 50°，故选 $\alpha = 10$ 已满足要求。

据此，可求得滞后部分的另一转角频率 $1/\alpha T_2 = 0.015$，有 $\alpha T_2 = 66.7$，则滞后校正网络的传递函数为

$$\frac{T_2 s+1}{\alpha T_2 s+1} = \frac{6.67s+1}{66.7s+1}$$

由于校正前系统在 $\omega_{c2} = 1.5\text{rad/s}$ 处，对数幅频特性 $L(\omega_{c2}) = 13\text{dB}$，所以为实现该频率成为校正后系统的剪切频率，必须使校正环节在该频率点上产生 -13dB 的对数幅值。根据上述要求，在 Bode 图上，过点（1.5rad/s，-13dB）作一条斜率为 20dB/dec 的直线，该线与零分贝线及 -20dB 的水平线的交点，即为超前校正部分的两个转折频率，分别为 $1/T_1 = 0.7\text{rad/s}$ 和 $\alpha/T_1 = 7\text{rad/s}$，则超前校正网络的传递函数为

$$\frac{T_1 s + 1}{\dfrac{T_1}{\alpha} s + 1} = \frac{1.43s + 1}{0.143s + 1}$$

5）滞后-超前校正网络的传递函数。将相位滞后和超前网络的传递函数组合在一起，得到滞后-超前校正网络的传递函数

$$G_c(s) = \frac{1.43s + 1}{0.143s + 1} \frac{6.67s + 1}{66.7s + 1}$$

校正后系统的开环传递函数为

$$G_c(s)G(s) = \frac{10(1.43s + 1)(6.67s + 1)}{s(0.143s + 1)(66.7s + 1)(0.5s + 1)(s + 1)}$$

校正后系统的 Bode 图如图 6.13 中所示的虚线。由图可见，校正后系统的相位裕度约为 $50°$，相位角穿越频率 $\omega_g = 4\text{rad/s}$，幅值裕度为 16dB，静态速度误差系数为 10，均满足设计要求。

6.3 并 联 校 正

并联校正在工程实践中也被广泛采用。其中，采用反馈校正的控制系统，一方面能收到与串联校正同样的效果，另一方面又能消除反馈校正装置所包围环节的参数变化对系统产生的影响。因此，如果在控制系统中能取出适当的反馈信号，则采用反馈校正是合适的。

6.3.1 反馈校正

设具有局部反馈校正的系统如图 6.14 所示，反馈校正装置 $H(s)$ 包围 $G_2(s)$，并构成局部反馈回路（又称内环）。为了使内环的稳定性容易实现，包围的环节一般最多不能超过两个。

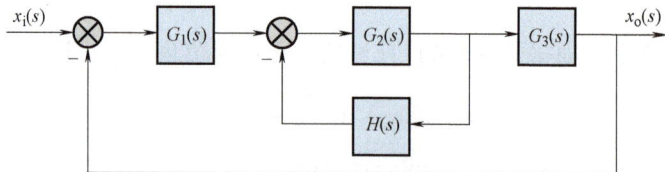

图 6.14 具有局部反馈校正的系统

由图 6.14 可知，未校正系统的开环传递函数频率特性为

$$G_0(j\omega) = G_1(j\omega)G_2(j\omega)G_3(j\omega)$$

设局部反馈回路的闭环传递函数为 $\Phi(s)$，其频率特性为

$$\varPhi(j\omega) = \frac{G_2(j\omega)}{1+G_2(j\omega)H(j\omega)}$$

校正后系统开环频率特性为

$$G(j\omega) = \frac{G_0(j\omega)}{1+G_2(j\omega)H(j\omega)}$$

若内环稳定

1）当 $|G_2(j\omega)H(j\omega)|\ll1$ 时，则有

$$\varPhi(j\omega) \approx G_2(j\omega), \ G(j\omega) \approx G_0(j\omega)$$

此时，局部闭环的频率特性和 $H(j\omega)$ 无关，即反馈校正装置在此频段内不起作用，校正后系统开环频率特性 $G(j\omega)$ 与原系统 $G_0(j\omega)$ 相同。

在 Bode 图上，当

$$20\lg|G_2(j\omega)H(j\omega)|\ll0 \tag{6.18}$$

则有

$$L(\omega) \approx L_0(\omega) \tag{6.19}$$

2）当 $|G_2(j\omega)H(j\omega)|\gg1$ 时，则有

$$\varPhi(j\omega) \approx \frac{1}{H(j\omega)}$$

$$G(j\omega) \approx G_1(j\omega)\frac{1}{H(j\omega)}G_3(j\omega) = \frac{G_0(j\omega)}{G_2(j\omega)H(j\omega)}$$

此时，局部闭环的频率特性为 $H(j\omega)$ 的倒数，即反馈校正装置在此频段起主要作用。校正后系统开环频率特性 $G(j\omega)$ 与被包围环节 $G_2(j\omega)$ 的特性无关。

在 Bode 图上，当 $20\lg|G_2(j\omega)H(j\omega)|\gg0$，则有

$$L(\omega) \approx L_0(\omega) - 20\lg|G_2(j\omega)H(j\omega)|$$

即

$$L_0(\omega) - L(\omega) \approx 20\lg|G_2(j\omega)H(j\omega)|\gg0 \tag{6.20}$$

故

$$L(\omega) \ll L_0(\omega) \tag{6.21}$$

如果已知 $L(\omega)$ 和 $L_0(\omega)$，则反馈校正装置 $H(j\omega)$ 起作用的频段由式（6.21）确定，并由式（6.20）求得该频段内 $20\lg|G_2(j\omega)H(j\omega)|$ 的渐近线。反馈校正装置不起作用的频段由式（6.19）确定，该频段 $G(j\omega)$ 与 $H(j\omega)$ 无关。因此，$G_2(j\omega)H(j\omega)$ 的特性在满足式（6.18）的条件下可以任取。为了使校正装置简单起见，可将校正装置起作用频段内的渐近线 $20\lg|G_2(j\omega)H(j\omega)|$ 延伸到校正装置不起作用的频段。

反馈校正系统可利用期望特性来计算校正装置的参数，常用的期望对数幅频特性通常基于二阶系统最优模型和三阶系统最优模型进行计算。

1. 二阶系统最优模型

二阶系统最优模型的 Bode 图如图 6.15 所示，其

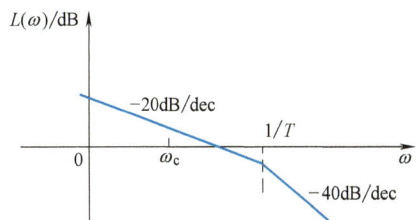

图 6.15　二阶系统最优模型的 Bode 图

单位反馈系统的开环传递函数为

$$G(s) = \frac{K}{s(Ts+1)} \tag{6.22}$$

闭环传递函数为

$$G_B(s) = \frac{K}{Ts^2+s+K} = \frac{\omega_n^2}{s^2+2\xi\omega_n s+\omega_n^2} \tag{6.23}$$

式中，$\omega_n = \sqrt{\dfrac{K}{T}}$ 为无阻尼固有频率；$\xi = \dfrac{1}{2\sqrt{KT}}$ 为阻尼比。

取 $\xi = 0.707$ 为最佳阻尼比时，最大超调量 $M_p = 4.3\%$，调节时间 $t_s = 6T$。此时转折频率 $1/T = 2\omega_c$。要保证 $\xi = 0.707$ 并不容易，常取 $0.5 \le \xi \le 0.8$。

2. 三阶系统最优模型

图 6.16 所示为三阶系统最优模型的 Bode 图，其单位反馈系统的开环传递函数为

$$G(s) = \frac{K(T_1 s+1)}{s^2(T_2 s+1)}, \ (T_1 > T_2)$$

由图 6.16 所示可见，这个模型既保证了中频段斜率为 $-20\mathrm{dB/dec}$，又使低频段有更大的频率范围，提高了系统的稳态精度。显然，它的性能比二阶最优模型好，因此工程上也常常采用这种模型。

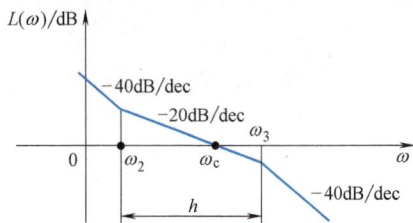

图 6.16　三阶系统最优模型的 Bode 图

在对系统进行初步设计时，可以取 $\omega_c = \omega_3/2$；中频段宽度 $h(h = \omega_3/\omega_2)$ 选为 7~12，如希望进一步增大稳定裕量，可把 h 增大至 15~18。

系统时域指标最大超调量 M_p 与 h 之间关系为

$$h = \frac{M_p+64}{M_p-16} \tag{6.24}$$

在中频段宽度 h 确定的情况下，一般可按照下面关系式确定 ω_2 和 ω_3，即

$$\omega_2 = \frac{2}{h+1}\omega_c, \ \omega_3 = \frac{2h}{h+1}\omega_c \tag{6.25}$$

根据中频段宽度 h 以及中段转折频率 ω_2、ω_3 可计算出剪切频率 ω_c 与调节时间 t_s 之间的关系

$$\omega_c = (6\sim8)/t_s \tag{6.26}$$

综合上述分析，可得到根据期望频率特性设计局部反馈校正装置的步骤如下：

1）按稳态误差要求，画出未校正系统的对数幅频特性 $L_0(\omega)$。

2）根据要求的动态性能指标绘制期望的对数幅频特性 $L(\omega)$。

3）根据式（6.18）~式（6.26）确定局部反馈回路的开环频率特性。

4）校验局部反馈回路的稳定性，最后由局部反馈回路的开环频率特性求得反馈校正装置的频率特性和传递函数。

采用反馈校正时应注意以下两个问题：

1）局部反馈对稳态性能的影响。反馈信号与输出信号成正比的反馈（通常称为比例反

馈）将降低系统的放大倍数。此时必须通过提高放大环节的放大倍数得到补偿。在控制系统中，有时也可采用反馈信号和输出信号微分成正比的反馈（通常称为微分反馈）。

2）局部闭环的稳定性问题。局部反馈构成的局部闭环系统也有稳定性的问题。如果局部闭环不稳定，则式（6.19）和式（6.21）就不能成立。因此，在进行反馈校正装置设计时，必须校验局部闭环的稳定性。为保证局部闭环不仅稳定，而且具有一定的稳定裕量，一般局部闭环系统的开环放大系数不能太大。另外，反馈校正装置所包围的环节不应超过两个。

一般在性能指标要求较高的系统中，往往在串联校正的基础上，配合反馈校正使用。

6.3.2 前馈校正

在控制系统主反馈回路内部进行串联或局部反馈校正之外，同时采取设置在回路以外的前置滤波或干扰补偿校正，这种组合方式的校正称为前馈校正。下面主要介绍前馈校正控制系统的一般特点及设计原则。

前馈校正的信号源取自系统给定的输入 $x_i(t)$，校正元件位于系统的前端，和反馈回路的前向通道并联，或直接与回路串联，如图 6.17 所示。

为了提高系统的稳态精度，应增加反馈系统中前向通道串联的积分环节数目，并加大开环增益。但这样会降低系统的稳定性，甚至使系统变为不稳定。对于这个矛盾，采用前馈校正可以达到这个目的。在 0 型、Ⅰ型的反馈系统中引入前馈校正，以实现Ⅱ型、Ⅲ型高阶无差，在控制工程实践中已得到了应用。

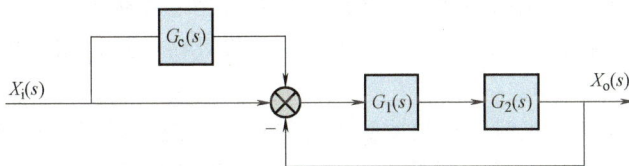

图 6.17　前馈校正系统结构图

设控制系统传递函数

$$G(s) = \frac{X_o(s)}{X_i(s)} = \frac{b_0 s^m + b_1 s^{m-1} + \cdots + b_j s^v + b_{j+1} s^{v-1} + \cdots + b_m}{s^n + a_1 s^{n-1} + \cdots + a_i s^v + a_{i+1} s^{v-1} + \cdots + a_n} \quad (m \le n) \qquad (6.27)$$

则系统输出 $x_o(t)$ 对给定输入 $x_i(t)$ 为 v 型误差的条件为：$G(s)$ 中分子、分母后 v 项构成的多项式恒等。即

$$b_{j+1} s^{v-1} + \cdots + b_m = a_{i+1} s^{v-1} + \cdots + a_n \qquad (6.28)$$

或

$$\left. \begin{array}{c} b_{j+1} = a_{i+1} \\ \vdots \\ b_m = a_n \end{array} \right\}$$

上述结论说明，尽管反馈回路不符合精度要求，但是如能在回路之外串联前馈校正，使系统从总体上满足式（6.28），则仍可获得高精度控制。

例 6.4　小功率伺服系统的结构功能图如图 6.18 所示。试设计前馈校正 $G_c(s)$，使系统输出 $x_o(t)$ 对给定输入 $x_i(t)$ 具有Ⅱ型精度。

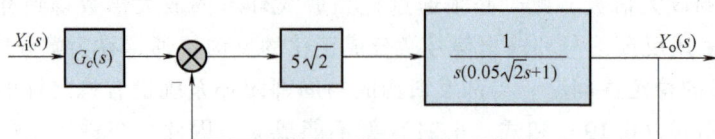

$$X_i(s) \rightarrow \boxed{G_c(s)} \rightarrow \otimes \rightarrow \boxed{5\sqrt{2}} \rightarrow \boxed{\dfrac{1}{s(0.05\sqrt{2}s+1)}} \rightarrow X_o(s)$$

图 6.18　系统的动态结构功能图

解： 校正前系统的闭环传递函数为

$$\Phi_0(s) = \frac{5\sqrt{2}}{s(0.05\sqrt{2}s+1)+5\sqrt{2}} = \frac{1}{0.01s^2+2\times0.707\times0.1s+1}$$

系统具有最佳阻尼，平稳性较好。但校正前系统前向通道有一个积分环节，故为Ⅰ型系统，不符合精度要求。

令在系统外串联校正环节 $G_c(s)$，则系统总传递函数

$$\Phi(s) = \Phi_0(s)G_c(s) = \frac{G_c(s)}{0.01s^2+2\times0.707\times0.1s+1}$$

由式（6.28）知，系统要达到Ⅱ型精度，其传递函数必须保证分子、分母后两项系数对应相等。故校正环节传递函数

$$G_c(s) = 2\times0.707\times0.1s+1 = 0.14s+1$$

这是一个一阶微分环节。根据具体系统的物理结构特点，可采用运算放大器、无源 RC 电路或机电元件等来近似实现。

由上例可知，校正部分在回路之外，和反馈回路的稳定性毫无关系。反馈回路的设计保证系统的稳定性；前馈校正的配置着重于精度。这一设计特点给控制工程的实践带来了更大的自由。

需要指出，采用前馈校正时，反馈回路通常希望设计成过阻尼，即闭环幅值没有峰值。为此，在串入微分型前馈校正后，系统总的幅频特性仍可无明显峰值，而频带却能稍有增加，这对系统的稳定性及快速性都是有利的。否则可能造成瞬态响应的超调量过大。

6.4　PID 校正

在工程实际应用中，对于数学模型不易精确求得、参数变化较大的被控对象，采用 PID 校正往往能得到满意的控制效果。PID 校正通常是由运算放大器组成的器件，按偏差的比例（P）、积分（I）和微分（D）进行控制校正，其调节原理简单、易于整定、使用方便、适用性强，是应用最为广泛的一种控制器。

PID 校正是一种负反馈闭环控制，PID 校正器通常与被控对象串联，作为串联校正环节。校正设计时，一般是将校正器的增益调整到使系统的开环增益满足稳态性能指标的要求，而校正器的零点和极点的设置，应能使校正后系统的性能满足瞬态性能指标的要求。

6.4.1　PID 控制规律

PID 校正器对控制对象所施加的作用可以用下式表示

$$u(t) = K_P e(t) + K_I \int e(t)\,\mathrm{d}t + K_D \frac{\mathrm{d}e(t)}{\mathrm{d}t} \tag{6.29}$$

式中，K_P 为比例系数；K_I 为积分系数；K_D 为微分系数。

比例控制与微分控制、积分控制的不同组合可分别构成 PD（比例微分）、PI（比例积分）和 PID（比例积分微分）三种控制器。

1. PD 控制器

比例微分（PD）控制器的输出信号

$$u(t) = K_P e(t) + K_D \frac{\mathrm{d}e(t)}{\mathrm{d}t} \tag{6.30}$$

对应的传递函数为

$$G_c(s) = K_P + K_D s = K_P\left(1 + \frac{K_D}{K_P}s\right) = K_P(1 + T_D s) \tag{6.31}$$

式中，T_D 为微分时间常数，$T_D = K_D/K_P$。

采用 PD 校正的系统结构功能图如图 6.19 所示。图中 $G_P(s)$ 是被控对象的传递函数。

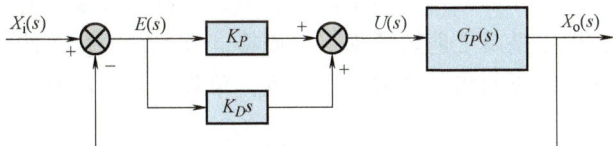

图 6.19　采用 PD 校正的系统结构功能图

PD 控制相当于系统引入一个开环零点或一阶微分环节，因此增大了系统的阻尼或者说给系统提供了一个超前的相位（相当于超前校正），使中、高频段的增益增加，从而使剪切频率 ω_c 增大，相位裕度增加。因此用 PD 控制校正后的系统，其相对稳定性和快速性都得到了提高。但会使系统高频段增益上升，抗干扰能力减弱。

2. PI 控制器

比例积分（PI）控制器的输出信号

$$u(t) = K_P e(t) + K_I \int e(t)\,\mathrm{d}t \tag{6.32}$$

对应的传递函数为

$$G_c(s) = K_P + \frac{K_I}{s} = K_P\left(1 + \frac{K_I}{K_P s}\right) = K_P\left(1 + \frac{1}{T_I s}\right) \tag{6.33}$$

式中，T_I 为积分时间常数，$T_I = K_P/K_I$。

采用 PI 校正的系统功能图如图 6.20 所示。

引入 PI 控制器可以提高系统的型次，减小或消除稳态误差，改善稳态性能。但会使系统的相位产生滞后（相当于滞后校正），相位裕度有所减小，稳定性变差，剪切频率 ω_c 减小，快速性变差，系统的动态性能下降。

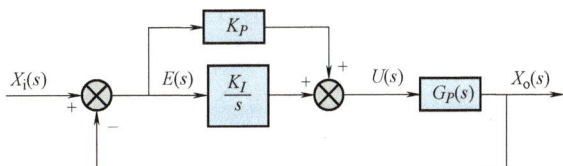

图 6.20　采用 PI 校正的系统功能图

131

3. PID 控制器

式（6.29）为 PID 控制器的输出信号，对应的传递函数为

$$G_c(s) = K_P + \frac{K_I}{s} + K_D s = K_P\left(1 + \frac{1}{T_I s} + T_D s\right) \tag{6.34}$$

采用 PID 校正的系统功能图如图 6.21 所示。$G_c(s)$ 是虚线框中 PID 校正器的传递函数。

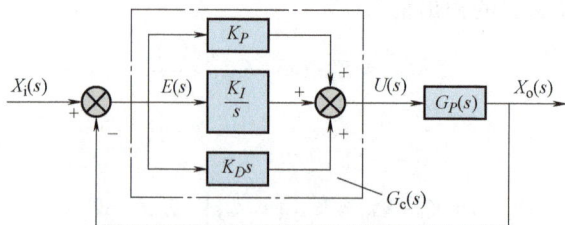

图 6.21　采用 PID 校正的系统功能图

PID 校正器各校正环节的作用如下：

1）比例环节（P）：当引入 $K_P > 1$ 的比例控制后，可以提高系统的开环增益，使系统的稳态误差减小。同时，由于提高了剪切频率，因而提高了系统的快速性。但系统校正后相位裕度减小了，因而降低了系统的相对稳定性。可见，单靠引入比例控制来校正系统，不能全面提高系统的性能。

2）积分环节（I）：可以提高系统的型次，从而可以消除或减小稳态误差，提高系统的稳态性能。

3）微分环节（D）：可反映误差信号的变化趋势（变化速率），并能在误差信号变得太大之前，在系统中引入一个有效的早期修正信号，从而加快系统的动作速度，减少调节时间。

由于采用实际元件很难实现理想微分环节，故实际工程应用中微分作用项多加了一个惯性环节，这时 PID 控制器的传递函数为

$$G_c'(s) = K_P\left(1 + \frac{1}{T_I s} + \frac{T_D s}{1 + \frac{T_D}{K_D}s}\right) \tag{6.35}$$

在控制系统中应用这种控制器时，只要 K_P、T_I 和 T_D 配合得当就可以得到较好的控制效果。

引入 PID 控制将使系统在低频段产生相位滞后，相当于 PI 控制，而在高频段产生相位超前，相当于 PD 控制。因此，PID 校正相当于相位滞后-超前校正，既能改善系统的稳态性能，又能提高系统的稳定性和快速性。

6.4.2　PID 控制器设计

系统进行 PID 校正的基本思路是：首先根据系统的性能指标要求，确定系统所期望的开环对数幅频特性，即校正后系统所具有的特性，然后由未校正系统特性和期望的特性求得校正装置的特性，最终确定校正装置。

PID 有源校正网络参数可以利用上一节反馈校正中所述的基于二阶系统最优模型和三阶系统最优模型的期望频率特性来确定。

例 6.5 某单位反馈系统的开环传递函数为

$$G(s) = \frac{K}{s(0.15s+1)(0.877 \times 10^{-3}s+1)(5 \times 10^{-3}s+1)}$$

试设计有源串联校正装置，使系统的静态速度误差系数 $K_v \geqslant 40$，剪切频率 $\omega_c \geqslant 50\text{rad/s}$，相位裕度 $\gamma \geqslant 50°$。

解： 1) 根据静态速度误差系数确定开环增益。由于未校正系统为 I 型系统，故 $K = K_v$，按设计要求取 $K = K_v = 40$，做出未校正系统的 Bode 图如图 6.22 中的粗实线所示。得到剪切频率 $\omega_{c1} = 15.6\text{rad/s}$，相位裕度 $\gamma_1(\omega_{c1}) = 17.9°$，相位穿越频率 $\omega_{g1} = 33.7\text{rad/s}$，幅值裕度为 13dB。

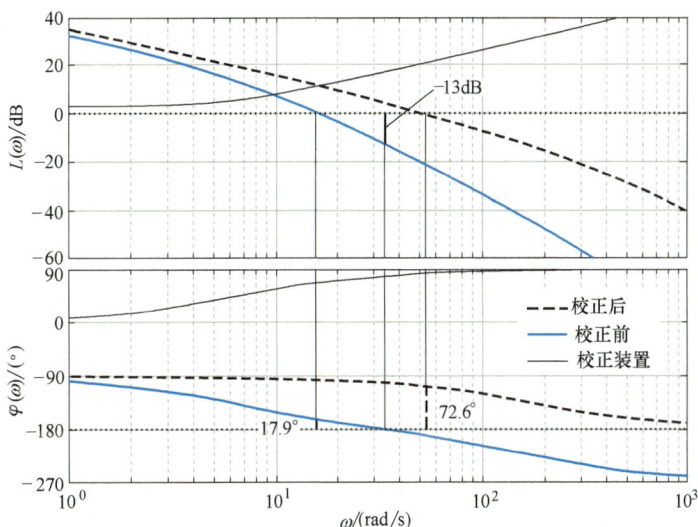

图 6.22 例 6.5 的 Bode 图

2) 确定校正装置。校正前系统的剪切频率 ω_{c1} 和相位裕度 γ_1 均小于设计要求，为保证系统的稳态精度，提高系统的动态性能，选用串联 PD 校正。选二阶系统最优模型为期望的频率特性，如图 6.15 所示。为使原系统结构简单，对未校正部分的高频段小惯性环节作等效处理，即

$$\frac{1}{0.877 \times 10^{-3}s+1} \frac{1}{5 \times 10^{-3}s+1} \approx \frac{1}{(0.877 \times 10^{-3}+5 \times 10^{-3})s+1} = \frac{1}{5.877 \times 10^{-3}s+1}$$

所以未校正系统的开环传递函数为

$$G(s) = \frac{40}{s(0.15s+1)(5.877 \times 10^{-3}s+1)}$$

由式（6.31）知 PD 校正环节的传递函数为

$$G_c(s) = K_P(T_D s+1)$$

为使校正后的开环 Bode 图为所期望的二阶最优模型，可消去未校正系统的一个极点，故令 $T_D = 0.15$，则校正后的开环传递函数为

$$G(s)G_c(s) = \frac{40}{s(0.15s+1)(5.877\times10^{-3}s+1)}K_P(0.15s+1)$$
$$= \frac{40K_P}{s(5.877\times10^{-3}s+1)}$$

校正后，开环增益与剪切频率相等，即 $40K_P = \omega_c$，根据性能要求 $\omega_c \geq 50$ rad/s，故选 $K_P = 1.4$。校正环节的 Bode 图如图 6.22 中的细实线所示。这时

$$G(s)G_c(s) = \frac{56}{s(5.877\times10^{-3}s+1)}$$

校正后系统的 Bode 图如图 6.22 中的虚线所示，可知校正后的剪切频率 $\omega_{c2} = 53.4$ rad/s，相位裕度为

$$\gamma_2(\omega_{c2}) = 180° - 90° - \arctan(5.877\times10^{-3}\omega_{c2}) = 72.6°$$

系统的静态速度误差系数 $K_v = KK_P = 56 > 40$，故校正后系统的动态和稳态性能均满足要求。

习　题

6.1　什么是串联校正？什么是并联校正？二者的区别是什么？

6.2　相位超前校正设计方法的一般步骤是什么？相位滞后校正设计方法的一般步骤是什么？二者分别适用何种场合？

6.3　某单位反馈控制系统的开环传递函数为

$$G(s) = \frac{K}{s(s+1)}$$

若要求 $K = 12$，相位裕度 $\gamma = 40°$，$\omega_c \geq 4$ rad/s，试设计超前校正装置。

6.4　设有单位反馈控制系统，其开环传递函数为

$$G(s) = \frac{K}{s(s+1)(0.5s+1)}$$

试设计滞后校正装置，使校正后系统单位速度输入时的稳态误差 $e_{ss} = 0.2$，相位裕度 $\gamma \geq 40°$，幅值裕度 $20\lg K_g \geq 10$ dB。

6.5　设单位反馈系统的开环传递函数为

$$G(s) = \frac{K}{s(0.167s+1)(0.5s+1)}$$

试设计相位滞后-超前校正装置，使校正后 $K \geq 180$，相位裕度 $\gamma > 40°$，3 rad/s $< \omega_c <$ 5 rad/s。

6.6　什么是 PI 校正？什么是 PD 校正？二者校正效果有什么区别？PID 校正的基本思想是什么？

6.7　如题 6.7 图所示，其中 $\overline{ABC}$ 是未加校正环节前系统的 Bode 图；$\overline{AHKL}$ 是加入某种串联校正环节后的 Bode 图。试说明它是哪一种串联校正方法，写出校正环节的传递函数，说明它对系统性能的影响。

6.8　某伺服机构的开环传递函数为

$$G_K(s) = \frac{7}{s(0.5s+1)(0.15s+1)}$$

1）画出 Bode 图，并确定该系统的幅值裕度和相位裕度以及速度误差系数。

2）设计一个串联-滞后校正装置，使其得到幅值裕度至少为 15dB，相位裕度至少为 45°。

6.9　未校正的系统如题 6.9 图中实线所示，其中 $K_1 = 440$，$T_1 = 0.025$。欲加反馈校正（如图中虚线所示），使系统的相位裕度 $\gamma = 50°$，试求 K_t 和 T_2 的值。

6.10　已知系统开环传递函数

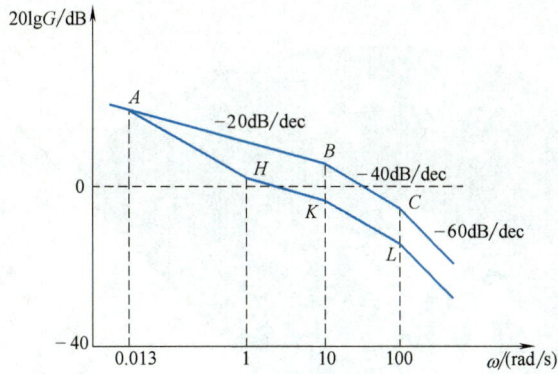

题 6.7 图

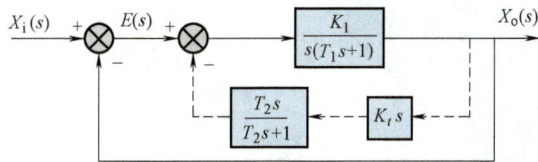

题 6.9 图

$$G(s) = \frac{K}{s(0.5s+1)(0.1s+1)}$$

试设计 PID 校正装置,使得系统的速度误差系数 $K_v \geqslant 10$,相位裕度 $\gamma \geqslant 50°$,且剪切频率 $\omega_c \geqslant 4\text{rad/s}$。

科学家精神

"两弹一星"功勋科学家:
屠守锷

第 7 章

典型控制系统的分析与设计实例

7.1 带钢卷取电液位置伺服控制系统

7.1.1 概述

在轧钢生产过程中，各种外界干扰会对带钢的正常行走带来影响，如张力不适应或张力太大，辊系不平行，辊子偏心或有锥度，带材厚度不均匀及横向弯曲等，从而使带钢跑偏。带钢跑偏会增大带钢的切边量，浪费钢材；带卷无法卷齐，严重影响带钢的卷取质量，减小成品率；甚至使带钢边缘碰撞折边、拉坏设备并造成断带停产事故。因此需要进行跑偏控制，即边沿位置控制。

常见的跑偏控制系统有气液和光电液伺服控制系统。两者工作原理相同，区别在于前者采用气动检测器和气液伺服阀，后者采用光电检测器和电液伺服阀。

在轧钢生产中，液压伺服控制系统已广泛用于对张力、位置、厚度和速度等参数的控制。

7.1.2 控制系统的组成和工作原理

带钢卷取电液伺服系统原理图如图7.1所示，控制系统功能图如图7.2所示。该系统由光电检测器、电流放大器、功率放大器、电液伺服阀、伺服液压缸、相应的卷取机和液压动力装置等组成。带钢跑偏位移为系统的输入量，卷取机的跟踪位移是系统的输出量。输入量与输出量的差值经光电检测器检测后由电流放大器放大，放大后的功率信号驱动电液伺服阀动作，控制伺服液压缸驱动卷取机移动。

光电检测器由光源与光敏二极管组成，同卷取机刚性连接。带钢正常运行时，光敏二极管接收一半光照，其电阻值为R；当带钢边沿偏离检测器中央时，光敏二极管接收的光照发生变化，电阻值随之改变，因而破坏了以光敏二极管电阻为一臂的电桥平衡，输出一偏差电压信号，此电压信号经放大器放大后产生差动电流Δi输入到电液伺服阀，产生正比于差动电流的流量，控制液压缸驱动卷取机的卷筒向跑偏的方向运动，直到跑偏位置为零，使卷筒处于中心位置。由于检测器与卷筒一起移动，形成了直接位置反馈。

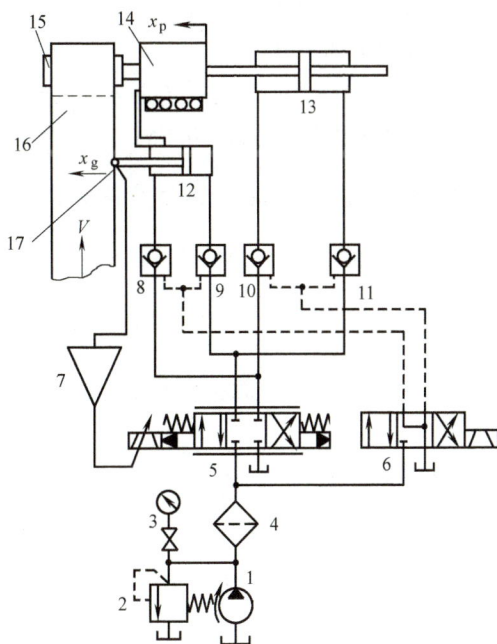

图 7.1 带钢卷取电液伺服系统原理图

1—液压泵 2—溢流阀 3—压力表开关 4—过滤器 5—伺服阀 6—换向阀 7—电流放大器 8~11—液控单向阀 12—辅助液压缸 13—伺服液压缸 14—卷取机 15—卷筒 16—钢带 17—光电检测器

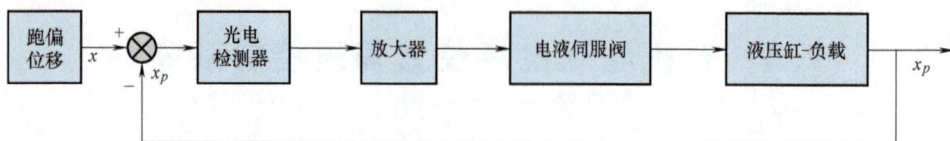

图 7.2　带钢卷取控制系统功能图

7.1.3　控制系统性能分析

1. 系统设计要求和给定参数

钢带卷取速度 $v = 5\text{m/s}$。

最大钢卷质量 $G_1 = 15000\text{kg}$。

卷取移动部分质量 $G_2 = 20000\text{kg}$。

负载总质量 $m = G_1 + G_2 = 35000\text{kg}$。

工作距离 $L = 150\text{mm}$。

纠偏调节速度 $v_m = 0.022\text{m/s}$。

系统频带宽度 $\omega_b \geq 20\text{rad/s}$。

最大加速度 $a_m = 0.47\text{m/s}^2$。

卷取跑偏误差 $e < \pm(1 \sim 2)\text{mm}$。

2. 系统主要参数计算

（1）液压缸总负载为

$$F_L = F_a + F_f = ma_m + \mu mg = 33600\text{N}$$

式中，μ 为摩擦因数，取 $\mu = 0.05$。

（2）液压缸有效面积　取油源压力 $p_s = 4\text{MPa}$，通常负载压力为 $p_L < \frac{2}{3}p_s = 2.6\text{MPa}$，取液压缸内径 $D = 160\text{mm}$，活塞杆直径 $d = 63\text{mm}$，液压缸有效面积 $A = 0.0168\text{m}^2$，此时负载压力

$$p_L = \frac{F_L}{A} = 2.0\text{MPa} \leqslant 2.6\text{MPa}$$

（3）伺服阀参数　系统最大速度为 $v_m = 0.022\text{m/s}$，此时所需负载流量为

$$q_L = v_m A = 0.000369\text{m}^3/\text{s} = 22.2\text{L/min}$$

选择压降为 1.96MPa 的伺服阀，该阀的流量为 25 L/min，额定电流为 300mA，供油压力为 4MPa 时空载流量为 35.36 L/min，满足系统要求。则伺服阀的流量增益为

$$K_{sv} = \frac{35.36\text{L/min}}{1000 \times 60 \times 0.3\text{A}} = 0.00196\text{m}^3/(\text{s} \cdot \text{A})$$

由样本查得伺服阀的固有频率及阻尼比分别为

$$\omega_{sv} = 157\text{rad/s}, \quad \xi_{sv} = 0.7$$

（4）光电检测器与放大器　由于光电检测器与放大器的时间常数很小，因此光电检测器及放大器的增益

$$K_i = 188.6\text{A/m} \tag{7.1}$$

3. 控制系统的数学模型

（1）伺服阀传递函数

$$G_{sv}(s) = \frac{q_{L0}(s)}{i(s)} = \frac{K_{sv}}{\dfrac{s^2}{\omega_{sv}^2} + \dfrac{2\xi_{sv}s}{\omega_{sv}} + 1} = \frac{0.00196}{\dfrac{s^2}{157^2} + \dfrac{2 \times 0.7s}{157} + 1} \tag{7.2}$$

式中，q_{L0} 为伺服阀空载流量；ω_{sv} 为伺服阀的固有频率；ξ_{sv} 为伺服阀的阻尼比。

（2）电液伺服阀控液压缸动力元件传递函数

1）伺服阀流量方程为

$$q_L = K_q x_v - K_c p_L$$

式中，K_q、K_c 分别为伺服阀流量系数和流量-压力系数。

取拉氏变换有

$$q_L(s) = q_{L0}(s) - K_c p_L(s) \tag{7.3}$$

2）液压缸连续性方程。

$$q_L = A\frac{\mathrm{d}x_p}{\mathrm{d}t} + C_{tp}p_L + \frac{V_t}{4\beta_e}\frac{\mathrm{d}p_L}{\mathrm{d}t}$$

式中，C_{tp} 为液压缸总泄漏系数；β_e 为油液等效体积压缩系数；V_t 为液压缸两腔总容积。

取拉氏变换有

$$q_L(s) = A s x_p(s) + \left(C_{tp} + \frac{V_t}{4\beta_e}s\right)p_L(s) \tag{7.4}$$

3）液压缸与负载力平衡方程。

$$A p_L = m\frac{\mathrm{d}^2 x_p}{\mathrm{d}t^2} + B_L\frac{\mathrm{d}x_p}{\mathrm{d}t} + K_s x_p + F_L$$

式中，m 为负载质量；B_L 为负载阻尼系数；K_s 为负载弹簧刚度。

取拉氏变换，并考虑负载为惯性负载，则有

$$A p_L(s) = m s^2 x_p(s) + F_L(s) \tag{7.5}$$

4）液压动力元件输出方程。由式（7.3）~式（7.5）联立可得

$$x_p(s) = \frac{\dfrac{1}{A}q_{L0}(s) - \dfrac{K_{ce}}{A^2}\left(1 + \dfrac{V_t s}{4\beta_e K_{ce}}\right)F_L(s)}{\dfrac{mV_t}{4\beta_e A^2}s^3 + \dfrac{mK_{ce}}{A^2}s^2 + s}$$

式中，$K_{ce} = K_c + C_{tp}$。上式改写为

$$x_p(s) = \frac{\dfrac{q_{L0}(s)}{A} - \dfrac{K_{ce}}{A^2}\left(1 + \dfrac{V_t s}{4\beta_e K_{ce}}\right)F_L(s)}{s\left(\dfrac{s^2}{\omega_h^2} + \dfrac{2\xi_h s}{\omega_h} + 1\right)} \tag{7.6}$$

式中，ω_h 为液压固有频率；ξ_h 为液压阻尼比。

$$\omega_h = \sqrt{\frac{4A^2\beta_e}{mV_t}}, \quad \xi_h = \frac{K_{ce}}{A}\sqrt{\frac{m\beta_e}{V_t}}$$

若取系统总压缩容积 $V_t = kLA = 1.14 \times 0.15 \times 0.0168 = 0.00287\text{m}^3$，液压油等效弹性模量 $\beta_e = 690\text{MPa}$，则液压缸固有频率 $\omega_h = 88\text{rad/s}$，根据经验取液压阻尼比 $\xi_h = 0.3$。

5）液压缸动力元件传递函数。式（7.6）变为

$$\frac{x_p(s)}{q_{L0}(s)} = \frac{1/A}{s\left(\dfrac{s^2}{\omega_h^2} + \dfrac{2\xi_h s}{\omega_h} + 1\right)} = \frac{1/0.0168}{s\left(\dfrac{s^2}{88^2} + \dfrac{2 \times 0.3s}{88} + 1\right)} \tag{7.7}$$

（3）系统开环传递函数 由式（7.1）、式（7.2）和式（7.7）可得系统的开环传递函数，功能图如图 7.3 所示。

$$G(s)H(s) = \frac{K}{s\left(\dfrac{s^2}{\omega_{sv}^2} + \dfrac{2\xi_{sv}s}{\omega_{sv}} + 1\right)\left(\dfrac{s^2}{\omega_h^2} + \dfrac{2\xi_h s}{\omega_h} + 1\right)}$$

$$= 188.6 \times \frac{48.312}{s^2 + 219.8s + 24649} \times \frac{460952.38}{s(s^2 + 52.8s + 7744)}$$

式中，K 为系统的开环增益，$K = K_i K_{sv}/A = 188.6 \times 0.00196/0.0168 = 22$。

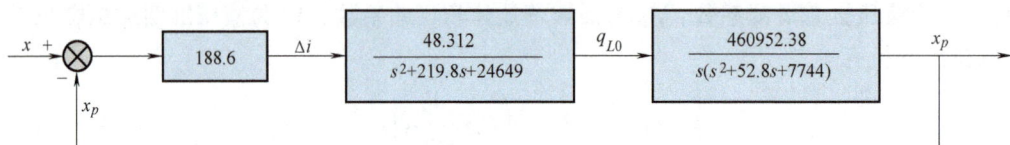

图 7.3 带钢卷取控制系统传递函数功能图

4. 系统性能分析

根据图 7.3，利用 MATLAB 编写程序，绘制系统的单位阶跃响应曲线，如图 7.4 所示。可以得到系统的上升时间 $t_r = 0.0658\text{s}$，峰值时间 $t_p = 0.0753\text{s}$，最大超调量 $M_p = 5.5\%$，调整时间 $t_s = 0.35\text{s}$（$\Delta = 2\%$）。

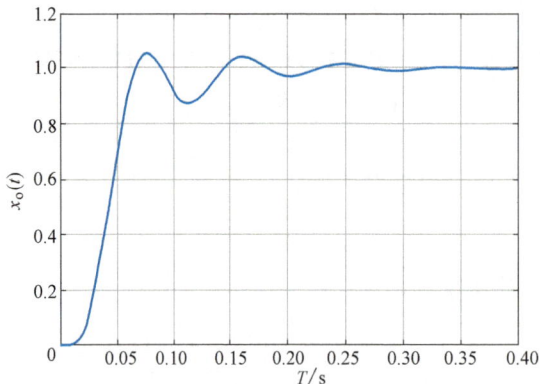

图 7.4 带钢卷取控制系统的单位阶跃响应曲线

利用 MATLAB 编写程序，绘制系统的开环 Bode 图，如图 7.5 所示，可得系统的幅值裕度 $K_g = \text{Gm} = 5.77\text{dB}$，相位裕度 $\gamma = \text{Pm} = 68.3°$，幅值穿越频率 $\omega_c = 23.35\text{rad/s}$。系统截止频率为 $\omega_b = 35.8\text{rad/s}$，带宽大于 20rad/s。

由此可以看出系统满足快速性和稳定性要求。

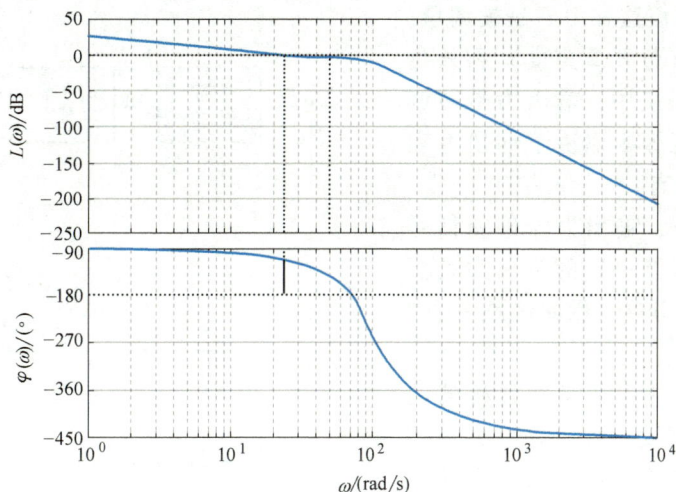

图 7.5　带钢卷取控制系统的开环 Bode 图

该系统为 I 型系统，理论上可以无误差地跟踪阶跃信号。当速度 $v_m = 0.022\text{m/s}$ 时，系统的稳态误差为

$$e_{ss} = \frac{v_m}{K} = \frac{0.022}{22} = 0.001\text{m} < 0.002\text{m}$$

系统满足精度要求。

7.2　材料试验机电液力控制系统

7.2.1　概述

材料试验机主要用于混凝土制品、金属以及非金属制品等材料的力学强度试验，是一种施力装置或力控制系统。随着科学技术的发展，要求材料试验机的加载曲线越来越复杂，对精度和快速性要求更高。采用电液伺服控制能够准确地复现各种快速变化的加载曲线，负载范围广，功率大，结构紧凑，响应快，控制精度高。

7.2.2　控制系统的组成和工作原理

材料试验机电液伺服控制系统主要由伺服放大器、电液伺服阀、液压缸、力传感器和位置传感器等构成一个力控制回路和一个位置控制回路。由于力控制回路和位置控制回路是分别工作的，这里只讨论力控制回路，如图 7.6 所示。

指令电压信号 u_r 作用于系统时，液压缸便有输出力，该力由传感器检测后转换为反馈电压信号 u_f 与指令电压信号 u_r 相比较，得出偏差电压信号 u_e。该偏差信号 u_e 经伺服放大器放大后输入到伺服阀的线圈中，伺服阀输出与电信号成比例的压差，作用在液压缸的活塞上，使输出力向减小误差的方向变化，直至输出力等于指令信号所规定的值为止。

应当指出，在力控制系统中，被调量是力。虽然在位置或速度控制系统中，要拖动负载运动也有力输出，但这种力不是被调量，它取决于被调量（位置或速度）和外负载力。在力控制系统中，输出力是被调量，而位置、速度等则取决于输出力和受力对象本身的状态。

在稳态情况下，输出力与偏差信号成比例。因为要保持一定的输出力就要求伺服阀有一定的开度，因此这是一个0型有差系统。

在下面的讨论中，假定力传感器的刚度远大于负载刚度，可以忽略力传感器的变形，认为液压缸活塞的位置就等于负载的位移。

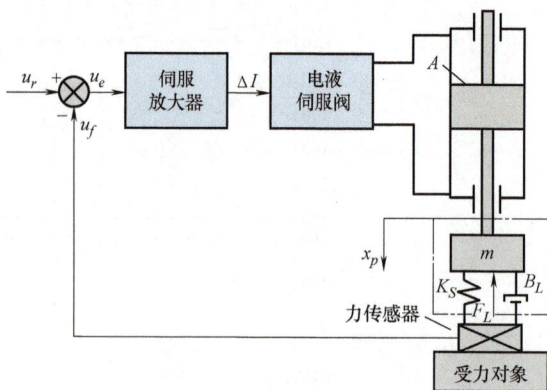

图7.6 材料试验机电液力控制系统原理图

7.2.3 控制系统性能分析

1. 系统设计要求和给定参数

最大静态负载 F_L ±100kN。

最大动态负载   20Hz时，±70kN；40Hz时，±40kN。

最大振幅   0.5Hz时，±4mm；12 Hz时，±1.6mm。

工作频率范围   0.01~50Hz。

静态负载下控制力的漂移小于示值的±1%。

运动部件总重量   1450N。

机械部分总刚度 K_s 1.7×10^8 N/m。

负载阻尼系数 B_L 3.4×10^4 Ns/m。

活塞最大行程 L ±50mm。

力传感器的增益 K_{fF} 10^{-5} V/N。

液压泵供油压力 p_s 21MPa。

2. 系统主要参数计算

（1）液压缸有效面积 A 液压缸有效面积根据负载力和负载压力确定。由于材料试验机有速度波形和负载波形的要求，同时考虑延长伺服阀的疲劳寿命，因此负载压力 p_L 取的低一些，为

$$p_L = \frac{1}{2} p_s = \frac{1}{2} \times 21\text{MPa} \approx 11\text{MPa}$$

则

$$A = \frac{F_L}{p_L} = \frac{10^5 \text{N}}{11 \times 10^6 \text{N} \cdot \text{m}^2} \approx 90 \times 10^{-4} \text{m}^2 = 90\text{cm}^2$$

（2）系统最大流量   供油流量应满足最大振幅的要求，即

$$q_{Lm} = x_{pm} \omega A = 1.6 \times 10^{-3} \times 2\pi \times 12\text{m/s} \times 9 \times 10^{-3} \text{m}^2 = 1.1 \times 10^{-3} \text{m}^3/\text{s}$$

（3）伺服阀参数   伺服阀流量为

$$q_{0m} = q_{Lm} \sqrt{\frac{p_s}{p_s - p_L}} = 1.1 \times 10^{-3} \, \text{m}^3/\text{s} \times \sqrt{\frac{21\text{MPa}}{21\text{MPa} - 11\text{MPa}}} \approx 1.59 \times 10^{-3} \, \text{m}^3/\text{s}$$

选用额定电流为 30mA，供油压力为 21MPa 时空载流量为 $1.67 \times 10^{-3} \, \text{m}^3/\text{s}$（100L/min）的伺服阀，可得伺服阀的流量增益为

$$K_{sv} = \frac{1.67 \times 10^{-3} \, \text{m}^3/\text{s}}{0.03\text{A}} = 5.57 \times 10^{-2} \, \text{m}^3/(\text{s} \cdot \text{A})$$

流量-压力系数为

$$K_c = 5 \times 10^{-12} \, \text{m}^5/(\text{N} \cdot \text{s})$$

由样本查得固有频率及阻尼比分别为

$$\omega_{sv} = 628\text{rad/s}, \ \xi_{sv} = 0.3$$

（4）伺服放大器增益　偏差电压信号为

$$U_e = U_r - U_f \tag{7.8}$$

式中，U_r 为指令电压信号；U_f 为反馈电压信号。

力传感器方程为

$$U_f = K_{fF} F_L \tag{7.9}$$

式中，K_{fF} 为力传感器增益，$K_{fF} = 10^{-5} \text{V/N}$；$F$ 为液压缸负载力。

伺服放大器动态性能可以忽略，其输出电流为

$$\Delta I = K_a U_e \tag{7.10}$$

式中，K_a 为伺服放大器增益，取 $K_a = 0.016\text{A/V}$。

3. 控制系统的数学模型

（1）伺服阀传递函数

$$G_{sv}(s) = \frac{K_{sv}}{\dfrac{s^2}{\omega_{sv}^2} + \dfrac{2\xi_{sv}s}{\omega_{sv}} + 1} = \frac{5.57 \times 10^{-2}}{\dfrac{s^2}{628^2} + \dfrac{2 \times 0.3s}{628} + 1} \tag{7.11}$$

式中，ω_{sv} 为伺服阀的固有频率；ξ_{sv} 为伺服阀的阻尼比。

（2）液压缸-负载的传递函数　液压缸与负载力平衡方程

$$F_L(s) = Ap_L(s) = (ms^2 + B_L s + K_s) x_p(s) \tag{7.12}$$

式中，m 为负载质量；B_L 为负载阻尼系数；K_s 为负载弹簧刚度。

由式（7.3）、式（7.4）和式（7.12）消去中间变量 q_L 和 x_p，得到 q_{L0} 至负载力 F_L 的传递函数

$$\frac{F_L}{q_{L0}} = \frac{\dfrac{A}{K_{ce}}\left(\dfrac{m}{K_s}s^2 + \dfrac{B_L}{K_s} + 1\right)}{\dfrac{V_t m}{4\beta_e K_{ce} K_s}s^3 + \left(\dfrac{m}{K_s} + \dfrac{V_t B_L}{4\beta_e K_{ce} K_s}\right)s^2 + \left(\dfrac{A^2}{K_{ce} K_s} + \dfrac{B_L}{K_s} + \dfrac{V_t}{4\beta_e K_{ce}}\right)s + 1} \tag{7.13}$$

考虑到液压缸的泄漏及黏性很小，忽略 C_{tp}，则 $K_{ce} = K_c$。当 B_L 较小时，式中的 $\dfrac{V_t B_L}{4\beta_e K_{ce} K_s} \ll \dfrac{m}{K_s}$，可以忽略，另外，$B_L/K_s$ 也可以忽略，此时式（7.13）变为

$$\frac{F_L}{q_{L0}} = \frac{\dfrac{A}{K_c}\left(\dfrac{m}{K_s}s^2 + \dfrac{B_L}{K_s} + 1\right)}{\dfrac{V_t m}{4\beta_e K_c K_s}s^3 + \dfrac{m}{K_s}s^2 + \left(\dfrac{A^2}{K_c K_s} + \dfrac{V_t}{4\beta_e K_c}\right)s + 1} \tag{7.14}$$

将参数代入式（7.14），并将分母进行因式分解，根据实践经验，振荡环节的阻尼比取为 0.1（实际计算值为 0.0027），则液压缸-负载的传递函数为

$$\frac{F_L}{q_{L0}} = \frac{1.8\times10^9\left(\dfrac{s^2}{1083^2} + \dfrac{2\times0.1}{1083}s + 1\right)}{\left(\dfrac{s}{7}+1\right)\left(\dfrac{s^2}{1612^2} + \dfrac{2\times0.1}{1612}s + 1\right)} \tag{7.15}$$

（3）系统开环传递函数　根据式（7.8）~式（7.11）以及式（7.15），可以得到系统的开环传递函数，功能图如图 7.7 所示，图中 Δi_d 为伺服阀的零漂电流。

$$G(s)H(s) = 0.016\times10^{-5}\times\frac{5.57\times10^{-2}}{\dfrac{s^2}{628^2} + \dfrac{2\times0.3}{628}s + 1}\times\frac{1.8\times10^9\left(\dfrac{s^2}{1083^2} + \dfrac{2\times0.1}{1083}s + 1\right)}{\left(\dfrac{s}{7}+1\right)\left(\dfrac{s^2}{1612^2} + \dfrac{2\times0.1}{1612}s + 1\right)}$$

$$G(s)H(s) = \frac{K\left(\dfrac{s^2}{1083^2} + \dfrac{2\times0.1}{1083}s + 1\right)}{\left(\dfrac{s}{7}+1\right)\left(\dfrac{s^2}{628^2} + \dfrac{2\times0.3}{628}s + 1\right)\left(\dfrac{s^2}{1612^2} + \dfrac{2\times0.1}{1612}s + 1\right)}$$

式中，K 为系统的开环增益，$K = K_a K_{sv} K_{fF} A/K_c = 16$。

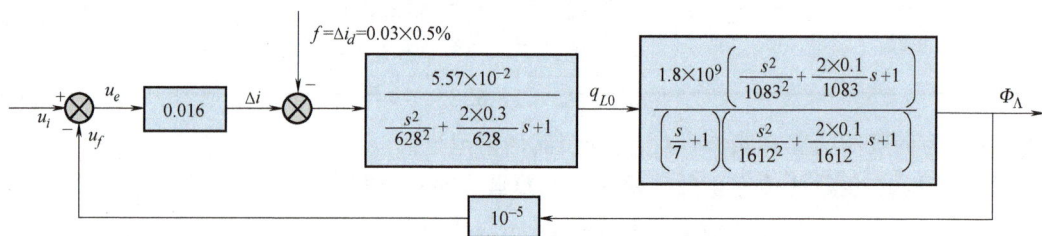

图 7.7　材料试验机电液力控制系统功能图

4. 系统性能分析

（1）系统稳定性　根据图 7.7，利用 MATLAB 编写程序，绘制系统的开环 Bode 图，如图 7.8 所示，可得系统的幅值裕度 $K_g = 13.3\text{dB}$，相位裕度 $\gamma = 87.3°$，系统满足稳定性要求。

（2）最大动态负载　图 7.9 所示为系统的闭环 Bode 图，从图中可知：20Hz（126rad/s）时，幅频特性为 -3dB，即 $20\lg0.707 = -3\text{dB}$，此时可加载的动态负载为 $0.707\times10^5\text{N} = 7\times10^4\text{N}$；40Hz（251rad/s）时，幅频特性为 -6.12dB，即 $20\lg0.49 = -6.12\text{dB}$，此时可加载的动态负载为 $0.49\times10^5\text{N} = 4.9\times10^4\text{N}$，最大动态负载满足要求。

（3）最大振幅　由图 7.9 可知，0.5Hz（3rad/s）时，幅频特性为 -0.54dB，对应的动态负载为 $9.4\times10^4\text{N}$，此时液压缸的位移 $x_p = 9.4\times10^4/1.74\times10^8 = 5.4\times10^{-4}\text{m}$；12Hz

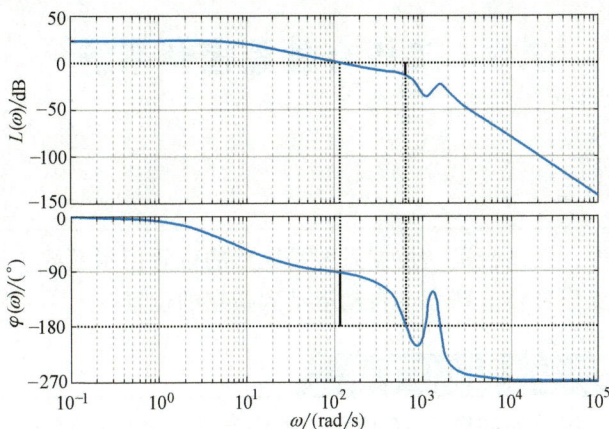

图 7.8　材料试验机电液力控制系统开环 Bode 图

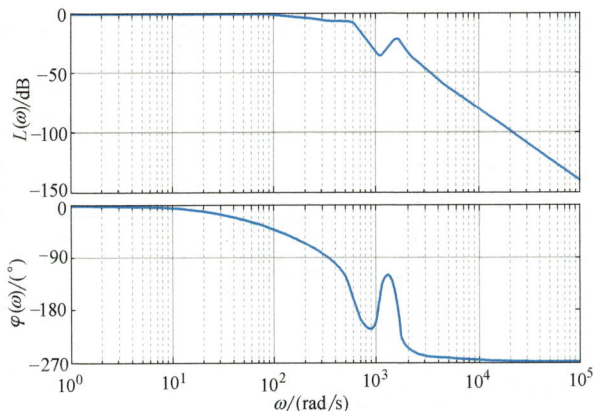

图 7.9　材料试验机电液力控制系统闭环 Bode 图

（75rad/s）时，幅频特性为-1.7dB，对应的动态负载为 8.2×10^4N，此时液压缸的位移 $x_p=8.2\times10^4/1.74\times10^8=4.7\times10^{-4}$m，系统供油能满足最大振幅要求。

（4）工作频率范围　由图 7.9，低频可以满载工作，高频 50Hz（314rad/s）时，幅频特性为-7dB，此时动态负载为 4.5×10^4N。

（5）静态负载下控制力的漂移　该系统为 0 型系统，干扰引起的稳态误差为

$$e_f=\frac{K'f}{1+K}\tag{7.16}$$

由图 7.7 可知，漂移干扰为

$$f=\Delta i_d=0.03\times0.5\%\mathrm{A}=1.5\times10^{-4}\mathrm{A}$$

$$K'=5.57\times10^{-2}\times1.8\times10^9\mathrm{N/A}=10^8\mathrm{N/A}$$

代入式（7.16）得

$$e_f=\frac{10^8\times1.5\times10^{-4}}{1+16}=882\mathrm{N}<1000\mathrm{N}$$

满足要求。

7.3 工作台位置控制系统

7.3.1 概述

在机床加工系统中，工作台运动控制系统是典型的位置控制系统。操作者通过指令设置希望的工作台位置，工作台将按照指令自动运动到指定的位置。

7.3.2 控制系统的组成和工作原理

工作台位置控制系统原理如图 7.10 所示，控制原理功能图如图 7.11 所示。该系统由指令电位器、前置放大器、控制器、功率放大器、伺服电动机、减速器、丝杠、工作台及检测电位器等组成。工作台希望的位置为系统的输入量，工作台的实际位置为系统的输出量。输入量与输出量的差值经放大器放大，再经控制器、功率放大器驱动伺服电动机，电动机带动减速器控制工作台移动。

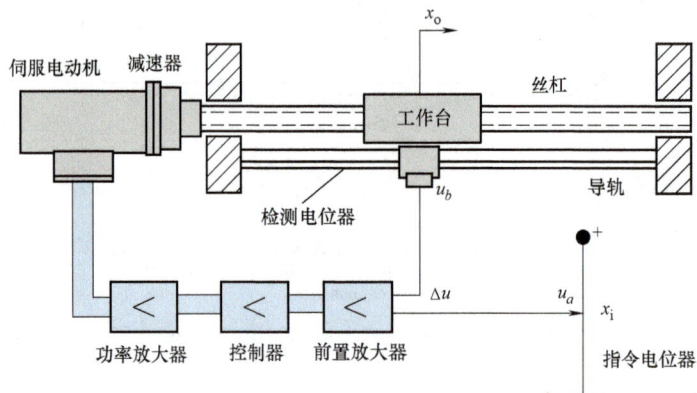

图 7.10 工作台位置控制系统原理图

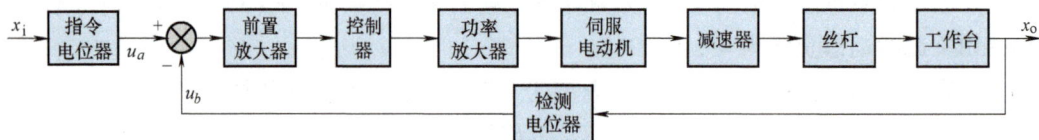

图 7.11 工作台位置控制原理功能图

7.3.3 控制系统性能分析

1. 系统设计要求和给定参数

电动机、减速器、丝杠和工作台等效到电动机转子上的总转动惯量 $J = 0.00625\text{kg} \cdot \text{m}^2$。

折合到电动机转子上的总黏性阻尼系数 $C = 0.005\text{N} \cdot \text{m} \cdot \text{s/rad}$。

电动机转子线圈电阻 $R_a = 4\Omega$。

电动机力矩常数 $K_T = 0.2\text{N} \cdot \text{m/A}$。

电动机反电动势常数 $K_e = 0.15\mathrm{V \cdot s/rad}$。

传动比 $i = 4000$。

2. 控制系统的数学模型

图 7.11 对应的系统传递函数功能图如图 7.12 所示。

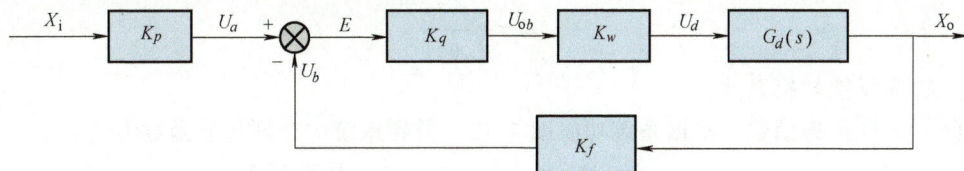

图 7.12 工作台位置控制系统功能图

（1）指令电位器　可看作一个比例环节，传递函数为

$$K_p = \frac{U_a(s)}{X_i(s)} \tag{7.17}$$

式中，K_p 为指令转换系数。

（2）前置放大器　看作为比例环节，传递函数为

$$K_q = \frac{U_{ob}(s)}{E(s)} \tag{7.18}$$

式中，K_q 为前置放大器放大系数。

（3）功率放大器　视为比例环节，传递函数为

$$K_w = \frac{U_d(s)}{U_{ob}(s)} \tag{7.19}$$

式中，K_w 为功率放大器放大系数。

（4）直流伺服电动机、减速器、丝杠和工作台　将直流伺服电动机的输入电压 u_d 作为输入，工作台位置 x_o 作为输出，减速器、丝杠和工作台相当于电动机的负载。

忽略电动机的电感时，电动机电压与转角的微分方程

$$R_a J \ddot{\theta}_0(t) + (R_a C + K_T K_e) \dot{\theta}_0(t) = K_T u_d(t) \tag{7.20}$$

式中，J 为等效转动惯量；C 为总黏性阻尼系数；R_a 为电动机转子绕组电阻；K_T 为电动机力矩常数；K_e 为电动机反电动势常数。

若减速器的减速比为 i_1，丝杠到工作台的减速比为 i_2，则从电动机转子到工作台的减速比为

$$i = \frac{\theta_0(t)}{x_o(t)} = i_1 i_2 \tag{7.21}$$

式中，$i_2 = 2\pi/L$，L 为丝杠螺距。

将式（7.21）代入到式（7.20）得

$$R_a J \ddot{x}(t) + (R_a C + K_T K_e) \dot{x}_o(t) = K_T u_d(t)/i \tag{7.22}$$

取拉氏变换得

$$G_d(s) = \frac{X_o(s)}{U_d(s)} = \frac{K_T/i}{R_a C + K_e K_T} \frac{1}{s\left(\dfrac{R_a J}{R_a C + K_e K_T}s + 1\right)} = \frac{K}{s(Ts+1)} \tag{7.23}$$

式中，$T = \dfrac{R_a J}{R_a C + K_e K_T}$；$K = \dfrac{K_T/i}{R_a C + K_e K_T}$

（5）检测电位器　将检测所得到的位置信号变换为电压信号，相当于比例环节，传递函数为

$$K_f = \frac{U_b(s)}{X_o(s)} \tag{7.24}$$

式中，K_f 为反馈转换系数。

（6）开环传递函数　根据系统功能图 7.12，得到系统的开环传递函数为

$$G_K(s) = \frac{U_b(s)}{X_i(s)} = K_p K_q K_w G_d(s) K_f = \frac{K_p K_q K_w K_f K}{s(Ts+1)}$$

（7）闭环传递函数

$$G_B(s) = \frac{K_p K_q K_w K}{Ts^2 + s + K_q K_w K_f K}$$

通常取 $K_p = K_f$，此时上式可简化为

$$G_B(s) = \frac{\omega_n{}^2}{s^2 + 2\xi\omega_n s + \omega_n{}^2}$$

式中，ω_n 为固有频率；ξ 为阻尼比。

$$\omega_n = \sqrt{\frac{K_q K_w K_f K}{T}}, \quad \xi = \frac{1}{2\sqrt{K_q K_w K_f K T}}$$

可见，工作台自动控制系统为二阶系统。

假设 $K_p = K_f = K_w = 10$，K_q 为前置放大器放大系数，在控制系统中常做成可调的，以便在系统调试时进行调整。

$$T = \frac{R_a J}{R_a C + K_e K_T} = \frac{4 \times 0.00625}{4 \times 0.005 + 0.15 \times 0.2} = 0.5$$

$$K = \frac{K_T/i}{R_a C + K_e K_T} = \frac{0.2/4000}{4 \times 0.005 + 0.15 \times 0.2} = 0.001$$

开环传递函数为

$$G_K(s) = \frac{K_p K_q K_w K_f K}{s(Ts+1)} = \frac{K_q}{s(0.5s+1)} \tag{7.25}$$

闭环传递函数为

$$G_B(s) = \frac{K_p K_q K_w K}{Ts^2 + s + K_q K_w K_f K} = \frac{0.1 K_q}{0.5s^2 + s + 0.1 K_q} \tag{7.26}$$

3. 系统性能分析

（1）系统的稳定性　根据式（7.25），利用 MATLAB 编写程序，绘制系统的开环 Bode 图，图 7.13 所示为不同 K_q 值所对应的 Bode 图。

$K_q = 5$ 时，幅值穿越频率 $\omega_c = 2.86\text{rad/s}$，幅值裕度为 ∞，相位裕度 $\gamma = 34.9°$，截止频率为 $\omega_b = 3.5\text{rad/s}$。

$K_q = 10$ 时，$\omega_c = 4.25\text{rad/s}$，相位裕度 $\gamma = 25.2°$，截止频率为 $\omega_b = 5.14\text{rad/s}$。

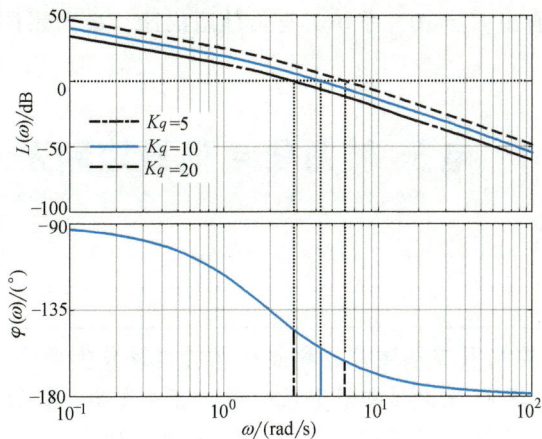

图 7.13　不同 K_q 值时工作台位置系统开环 Bode 图

$K_q = 20$ 时，$\omega_c = 6.17\text{rad/s}$，相位裕度 $\gamma = 18°$，截止频率为 $\omega_b = 7.39\text{rad/s}$。

由此可以看出随着放大系数 K_q 的增大，稳定裕度降低，但幅值穿越频率右移，快速性提高。系统带宽较小，对变化较快信号的响应较差。

（2）时域响应性能　根据式（7.26），利用 MATLAB 编写程序，绘制系统的单位阶跃响应曲线，图 7.14 所示为不同 K_q 值所对应的响应曲线。

$K_q = 5$，$\omega_n = 1\text{rad/s}$，$\xi = 1$，系统处于临界阻尼状态，没有超调，调整时间 $t_s = 8\text{s}$（$\Delta = 2\%$）。

$K_q = 10$，$\omega_n = 1.414\text{rad/s}$，$\xi = 0.707$，系统具有最佳阻尼比，上升时间 $t_r = 2.38\text{s}$，峰值时间 $t_p = 2.78\text{s}$，最大超调量 $M_p = 4.3\%$，调整时间 $t_s = 4.04\text{s}$（$\Delta = 2\%$）。

$K_q = 20$，$\omega_n = 2\text{rad/s}$，$\xi = 0.5$，系统处于减幅振荡状态，上升时间 $t_r = 1.22\text{s}$，峰值时间 $t_p = 1.67\text{s}$，最大超调量 $M_p = 16\%$，调整时间 $t_s = 4\text{s}$（$\Delta = 2\%$）。

可以看出随着放大系数 K_q 的增大，系统响应变快，但超调量增大，稳定性变差。

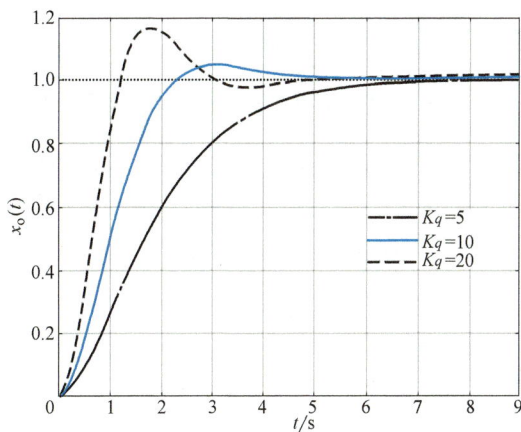

图 7.14　不同 K_q 值时工作台位置系统单位阶跃响应

（3）稳态误差　该系统为 I 型系统，理论上可以无误差地跟踪阶跃信号。这说明在系统只存在黏性阻尼时，工作台位置自动控制系统不存在位置误差。

由上述分析，可以看出 $K_q = 10$，系统具有最佳阻尼比，最大超调量 $M_p = 4.3\%$，稳定性和快速性均满足要求。

7.4 电压-转角机电伺服控制系统

7.4.1 概述

电压-转角机电伺服控制系统是高校、科研院所等自动化实验室中常用的实验装置，主要用于小功率伺服控制。利用该设备能够完成一些验证性实验，如位置伺服实验、直流电动机调速实验、PID 校正实验等，还可以完成一些设计性、研究性实验，如将其与计算机连接，从而对一些控制方法进行研究。

7.4.2 控制系统的组成和工作原理

电压-转角机电伺服控制系统的输入量为给定电压信号 u_i，输出量为直流伺服电动机的转角 α。PI 校正环节采用运算放大器，可以增大系统的开环增益，从而提高系统的稳态精度。功率放大器由前置放大器和三级互补跟随器组成，具有较高的输入阻抗。采用速度反馈，来增加系统的阻尼，减小伺服电动机的时间常数。被控对象是直流伺服电动机，它与反馈电位计和测速电动机同轴相连。电压-转角机电伺服控制系统工作原理功能图如图 7.15 所示。

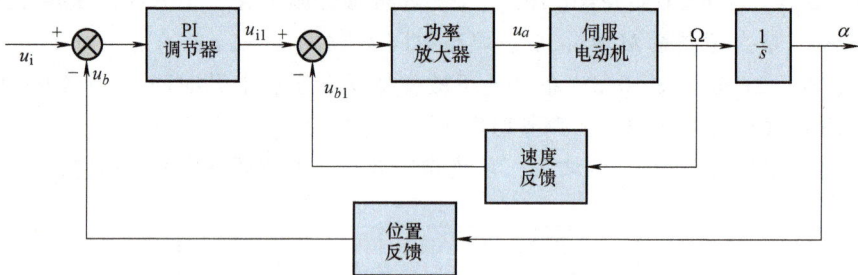

图 7.15 电压-转角机电伺服控制系统工作原理功能图

该系统输出转角跟随输入电压变化。当输入信号与位置反馈信号出现偏差时，偏差信号经 PI 校正环节与速度反馈信号比较，得到速度偏差信号，该信号经功率放大后驱动直流伺服电动机旋转，同时带动位置反馈电位计和测速发电机一起旋转。偏差消除后，伺服电动机停止在与输入信号相应的位置上。

7.4.3 控制系统性能分析

1. 系统的设计要求和给定参数

功率放大器增益 $K_2 = 10$。

伺服电动机传递系数 $K_3 = 2.83 \text{rad}/(\text{V} \cdot \text{s})$。

伺服电动机机电时间常数 $T_M = 0.1\text{s}$。

伺服电动机电磁时间常数 $T_a = 4\text{ms}$。

位置反馈电位计增益 $K_a = 4.7\text{V/rad}$。

测速发电机传递系数 $K_c = 1.15\text{V} \cdot \text{s/rad}$。

速度反馈分压系数 $\beta = 0.6$。

2. 控制系统的数学模型

校正前，系统传递函数功能图如图 7.16 所示。

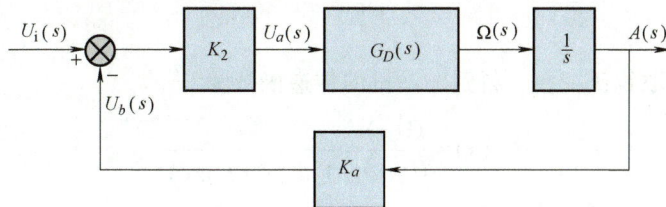

图 7.16　校正前电压-转角机电伺服系统传递函数功能图

（1）直流伺服电动机　图 7.17 所示为电枢控制直流电动机原理图。直流电动机由两个子系统构成，一个是电路系统，由此得到电能，产生电磁转矩；另一个是机械运动系统，转动机械能带动负载转动。

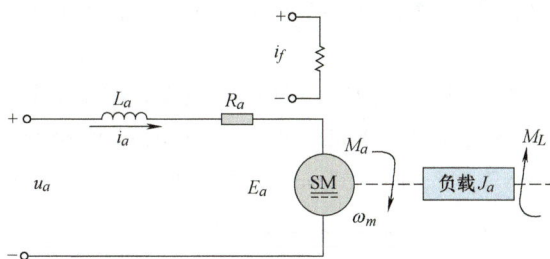

图 7.17　直流电动机伺服控制原理图

1）电路平衡方程

$$L_a \frac{\mathrm{d}I_a}{\mathrm{d}t} + R_a I_a + E_a = U_a \tag{7.27}$$

式中，L_a 和 R_a 分别为电动机的电感和电阻；E_a 为电动机绕组的感应电动势；I_a 为电枢电流；U_a 为电动机输入电压。

2）电动势平衡方程

$$E_a = K_e \omega \tag{7.28}$$

式中，K_e 为电动势常数；ω 为电动机转速。

3）电动机转矩方程

$$M_a = K_T I_a \tag{7.29}$$

式中，K_T 为电磁力矩常数。

4）转矩平衡方程

$$J_a \frac{\mathrm{d}\omega}{\mathrm{d}t} = M_a - M_L \tag{7.30}$$

式中，J_a 为电动机转子的转动惯量；M_a 为电动机的电磁转矩；M_L 为折合阻力矩。

将式 (7.27) ~式 (7.30) 联立，消去中间变量 I_a、E_a、M_a，忽略 M_L，得到以电压为输入，电动机转速为输出的微分方程

$$\frac{J_a L_a}{K_T}\frac{\mathrm{d}^2\omega}{\mathrm{d}t^2}+\frac{J_a R_a}{K_T}\frac{\mathrm{d}\omega}{\mathrm{d}t}+K_e\omega=U_a \tag{7.31}$$

令 $T_M=\dfrac{J_a R_a}{K_T K_e}$ 为电动机机电时间常数；$T_a=L_a/R_a$ 为电动机电磁时间常数；$K_3=1/K_e$，为电动机传递系数。

对式 (7.31) 取拉氏变换，得到电动机的传递函数为

$$G_D(s)=\frac{\Omega(s)}{U_a(s)}=\frac{K_3}{T_a T_M s^2+T_M s+1}$$

（2）校正前系统的开环传递函数

$$G_{K0}(s)=\frac{K_2 K_a}{s}G_D(s)=\frac{K_2 K_3 K_a}{s(T_M T_a s^2+T_M s+1)}=\frac{133}{s(0.0004s^2+0.1s+1)} \tag{7.32}$$

（3）校正前系统的闭环传递函数

$$G_{B0}(s)=\frac{K_2 K_3}{s(T_M T_a s^2+T_M s+1)+K_2 K_3 K_a}=\frac{28.3}{s(0.0004s^2+0.1s+1)+133} \tag{7.33}$$

3. 系统性能分析

（1）系统的稳定性 根据式 (7.32)，利用 MATLAB 编写程序，绘制系统的开环 Bode 图，如图 7.18 所示。可得频率为 50rad/s 时，系统的幅值裕度 $K_g=5.48\mathrm{dB}$，频率为 36.3rad/s 时，相位裕度 $\gamma=7.41°$，$\omega_b=57\mathrm{rad/s}$。系统虽然稳定，但稳定裕度较小。

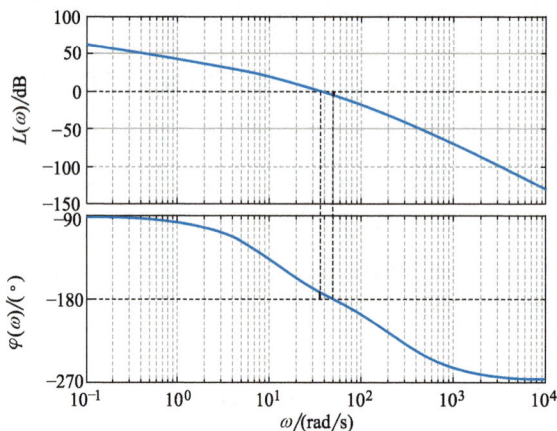

图 7.18 电压-转角机电伺服系统开环 Bode 图（校正前）

（2）时域响应性能 根据式 (7.33)，利用 MATLAB 编写程序，绘制系统的单位阶跃响应曲线，如图 7.19 所示。可以得到，系统的上升时间 $t_r=0.049\mathrm{s}$，峰值时间 $t_p=0.094\mathrm{s}$，最大超调量 $M_p=80\%$，调整时间 $t_s=1.71\mathrm{s}$（$\Delta=2\%$），振荡次数 $N=10$。该系统的阻尼比很小，因此超调量大，调节时间长，振荡次数多。

由于该结构属于 I 型结构，可以无静差地跟踪阶跃信号。

4. 校正后系统的动态性能

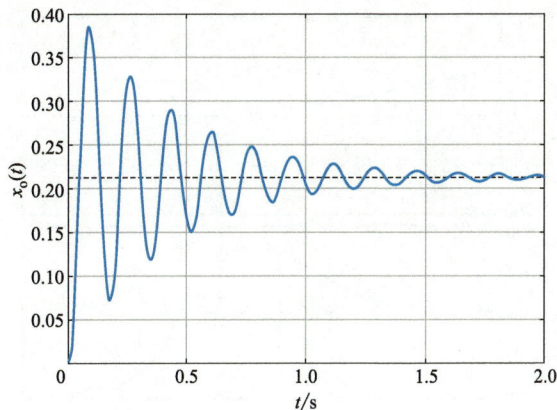

图 7.19　电压-转角机电伺服系统阶跃响应曲线（校正前）

（1）校正环节设计　为了使系统获得较好动态性能，采用 PI 调节器和速度反馈进行校正，功能图如图 7.20。

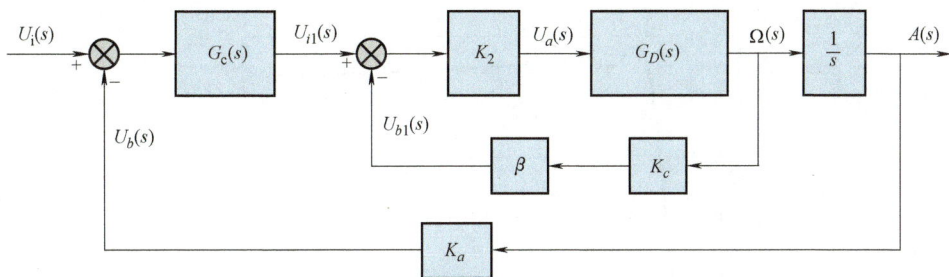

图 7.20　校正后电压-转角机电伺服系统传递函数功能图

在 PI 调节器中，取 $R = 1.2\text{M}\Omega$，$C = 0.1\mu\text{F}$，则 PI 校正环节的传递函数为

$$G_c(s) = \frac{0.12s + 1}{0.01s} \tag{7.34}$$

速度反馈分别取测速发电机传递系数 $K_c = 1.15\text{V}\cdot\text{s/rad}$，速度反馈分压系数 $\beta = 0.6$。

（2）校正后系统的开环传递函数

$$G_k(s) = G_c(s)\frac{K_2 K_3 K_a}{s(T_M T_a s^2 + T_M s + 1 + K_2 K_3 K_c\beta)} = \frac{133(0.12s + 1)}{0.01s^2(0.0004s^2 + 0.1s + 20.53)} \tag{7.35}$$

（3）校正后系统的闭环传递函数为

$$G_b(s) = \frac{28.3(0.12s + 1)}{4\times10^{-6}s^4 + 0.001s^3 + 0.2s^2 + 15.96s + 133} \tag{7.36}$$

（4）校正后系统的稳定性　根据式（7.35），绘制 Bode 图，如图 7.21 所示。可得频率为 222rad/s 时，系统的幅值裕度 $K_g = 9.78\text{dB}$，频率为 81.7rad/s 时，相位裕度 $\gamma = 59.6°$，稳定裕度增加，系统稳定性提高。$\omega_b = 118\text{rad/s}$，带宽比校正前提高一倍，因此响应速度也有所提高。

（5）校正后系统的时间响应性能　根据式（7.36），绘制系统的单位阶跃响应曲线，如图 7.22 所示。此时，系统的上升时间 $t_r = 0.021\text{s}$，峰值时间 $t_p = 0.029\text{s}$，最大超调量 $M_p = $

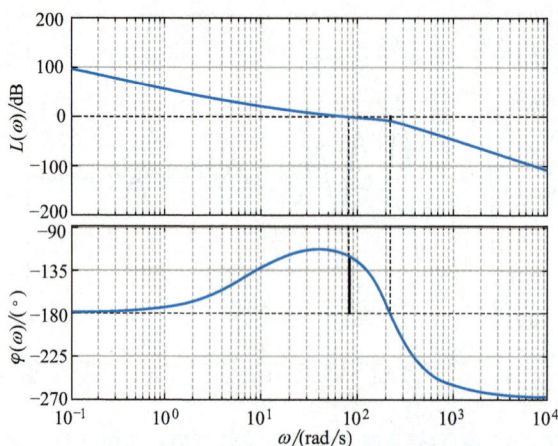

图 7.21　电压-转角机电伺服系统 Bode 图（校正后）

13.6%，调整时间 $t_s = 0.2\,\mathrm{s}$（$\Delta = 2\%$），振荡次数 $N = 2$。时域性能得到改善。

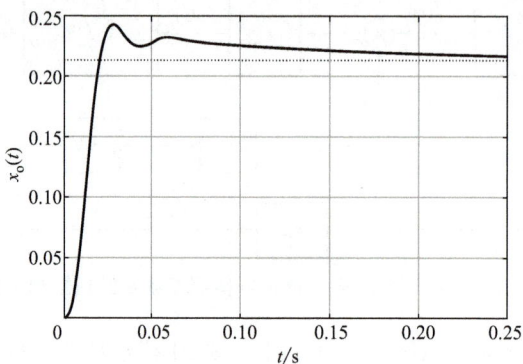

图 7.22　电压-转角机电伺服系统阶跃响应曲线（校正后）

　　电压-转角机电伺服系统采用 PI 校正使系统由 I 型系统变为 II 型系统，提高了系统的无差度；速度反馈增加了系统的阻尼，使超调量明显降低，调节时间缩短，振荡次数减少，响应速度加快。

> ### 科学家精神
>
> "两弹一星"功勋科学家：
> 雷震海天

第 8 章

MATLAB 在控制工程中的应用

8.1　MATLAB 与 SIMULINK 简介

MATLAB 是由 MATrix LABoratory（矩阵实验室）两词组成。在 1980 年前后，美国的 Cleve Moler 博士在 New Mexico 大学讲授线性代数课程时，发现应用其他高级语言编程极为不便，便构思并开发了 MATLAB，它是集命令翻译、科学计算于一身的一套交互式软件系统，经过在该大学进行了几年的试用之后，于 1984 年推出了该软件的正式版本。MATLAB 的编程运算与人进行科学计算的思路和表达方式完全一致，区别于其他高级语言，其用法简易、灵活性高、程序结构性强又兼具延展性。MATLAB 还可通过与 C \ C++的扩展编程，实现对外部硬件的通信与控制，从而使仿真和实验有机地融合在一起。

1990 年 MathWorks 软件公司为 MATLAB 提供了新的控制系统模型图形输入与仿真工具，该工具很快在控制界得到了广泛的使用，1992 年正式改名为 SIMULINK。此软件有两个明显的功能：仿真与连接，可以利用鼠标在模型窗口上画出所需的控制系统模型，然后利用该软件提供的功能来对系统直接进行仿真。SIMULINK 是一种高效的仿真工具，可以使机电系统的动态仿真十分简单易行。

目前 MATLAB 已经成为国际上最为流行的软件之一，它以强大的科学计算与可视化功能、简单易用的特点、开放的可扩展环境、数十种面向不同领域的工具箱支持，被设计研究单位和工业部门认为是进行高效研究、开发的首选软件工具，在科学研究和产品开发中有着广阔的前景和巨大的潜能。

8.2　MATLAB 中传递函数表示及基本计算

8.2.1　传递函数的表示

1. 传递函数模型

设连续系统的传递函数为

$$G(s) = \frac{\text{num}(s)}{\text{den}(s)} = \frac{b_m s^m + b_{m-1} s^{m-1} + \cdots + b_1 s + b_0}{a_n s^n + a_{n-1} s^{n-1} + \cdots + a_1 s + a_0} \tag{8.1}$$

在 MATLAB 中，用向量 num 与 den 来表示系统传递函数的分子与分母，系统可简写为（num，den），其中

$$\text{num} = [b_m, b_{m-1}, \cdots, b_0] \tag{8.2}$$

$$\text{den} = [a_n, a_{n-1}, \cdots, a_0] \tag{8.3}$$

建立控制系统的传递函数模型（对象）的函数为 tf（），调用格式为

sys = tf（num，den）

sys = tf（num，den，Ts）

sys = tf（num，den）返回的变量 sys 为连续系统的传递函数模型；sys = tf（num，den，Ts）返回的变量 sys 为离散系统的传递函数模型，Ts 为采样周期，当 Ts = -1 或 Ts = [] 时，

系统的采样周期未定义。

2. 零点、极点形式的传递函数模型

设连续系统传递函数以零点、极点增益形式表示为

$$G(s) = k\frac{(s-z_1)(s-z_2)\cdots(s-z_m)}{(s-p_1)(s-p_2)\cdots(s-p_n)} \tag{8.4}$$

在 MATLAB 中，可用向量 z, p, k 表示系统的零点、极点以及增益，系统可简写为 (z, p, k)，其中

$$z = [z_0, z_1, \cdots z_m] \tag{8.5}$$

$$p = [p_0, p_1, \cdots p_n] \tag{8.6}$$

$$k = [k] \tag{8.7}$$

在 MATLAB 中，用函数 zpk（）来建立控制系统的零点、极点增益形式的传递函数模型，调用格式为：

sys = zpk（z, p, k）

sys = zpk（z, p, k, Ts）

sys = zpk（z, p, k）返回的变量 sys 为连续系统的零点、极点增益形式的传递函数模型；sys = zpk（z, p, k, Ts）返回的变量 sys 为离散系统的零点、极点增益形式的传递函数模型，Ts 含义同前。

例 8.1 系统传递函数为 $G(s) = \dfrac{9}{s^2+4s+9}$，试用 MATLAB 表示系统传递函数。

解：num = [9]；

den = [1 4 9]；

sys = tf（num, den）

运行结果为　sys =

```
        9
-------------
   s^2+4s+9
```

8.2.2　MATLAB 基本计算

MATLAB 具有强大的计算功能，这里介绍求函数的拉氏变换、拉氏逆变换以及微分方程求解等相关计算。

例 8.2 利用 MATLAB 求 $f(t) = t^2+2t+5$ 的拉氏变换。

解：syms s t；

　　ft = t^2+2 * t+5；

　　st = laplace（ft, t, s）

运行结果为　st =

　　　　（2 *（（5 * s）/2+1））/s^2+2/s^3

例 8.3 利用 MATLAB 求 $F(s) = \dfrac{s+6}{(s^2+3s+2)(s+5)}$ 的拉氏逆变换。

解：syms s t；

Fs=(s+6)/(s^2+3*s+2)/(s+5);

ft=ilaplace(Fs,s,t)

运行结果为　ft=

(5*exp(-t))/4-(4*exp(-2*t))/3+exp(-5*t)/12

例 8.4　利用 MATLAB 求多项式 $p(s)=s^3+8s^2+2$ 的根。

解： p=[1 8 0 2];

r=roots(p)

运行结果为　r=

-8.0310+0.0000i

0.0155+0.4988i

0.0155-0.4988i

例 8.5　利用 MATLAB 求两个多项式 $(3s^2+5s+1)$ $(s+4)$ 的乘积。

解： p=[3 5 1]; q=[1 4];

n=conv(p, q)

运行结果为　n=

3　17　21　4

例 8.6　利用 MATLAB 求下列微分方程的解。

$$\frac{d^2y(t)}{dt^2}+3\frac{dy(t)}{dt}+2y(t)=1 \quad 初始条件\ y(0)=y'(0)=0$$

解： y=dsolve('D2y+3*Dy+2*y=1','y(0)=0,Dy(0)=0')

运行结果为　y=

exp(-2*t)/2-exp(-t)+1/2

例 8.7　如图 8.1 所示系统，已知：$G(s)=$ $\frac{1}{100s^2}$，$H(s)=\frac{s+1}{s+3}$，求系统的传递函数。

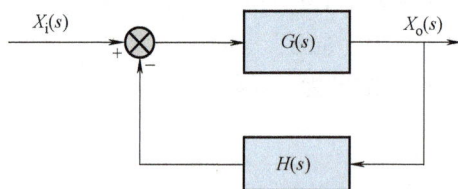

图 8.1　系统功能图

解： numg=[1]; deng=[100 0 0];

numh=[1 1]; denh=[1 3];

[num,den]=feedback(numg,deng,numh,denh,-1);

tf(num,den)

运行结果为　ans=

s+3

100s^3+300s^2+s+1

8.3　MATLAB 在时域分析中的应用

在 MATLAB 中，求取系统单位阶跃响应的命令为

step（num, den）

求取系统单位脉冲响应的命令为

$$impulse（num，den）$$

对于线性系统，给定任意输入，求取系统输出响应的命令为

$$lsim［sys，u，t］$$

其中，sys 表示系统传递函数，u 表示输入，t 为时间。

例 8.8　用 MATLAB 编写程序，求取例 8.1 系统的单位阶跃响应、单位脉冲响应及单位斜坡响应。

程序清单如下：

```
%........ 例 8.8  MATLAB 程序.....
%...... 输入传递函数的分子和分母数组...........
num＝［9］；
den＝［1 4 9］；
%.............. 系统传递函数为..............
sys＝tf（num，den）；
%............... 输入单位阶跃命令..............
t＝0:0.01:3；
figure（1）
step（sys,t）；            %单位阶跃响应
grid；
xlabel（'Time'）;ylabel（'c（t）'）；
title（'Step Response'）；
%............. 输入单位脉冲命令..............
t＝0:0.01:3；
figure（2）
impulse（sys,t）；          %单位脉冲响应
grid；
xlabel（'Time'）;ylabel（'c（t）'）；
title（'Impulse Response'）；
%............. 输入单位斜坡命令..............
t＝0:0.01:3；
u＝t；                    %单位斜坡输入
figure（3）
lsim（sys,u,t）；          %单位斜坡响应
grid；
xlabel（'Time'）;ylabel（'c（t）'）；
title（'Ramp Response'）
```

程序运行结果如图 8.2 所示。

例 8.9　已知系统的传递函数为 $G(s)=\dfrac{1000}{s^2+36s+1000}$，求系统单位阶跃响应的性能指标：最大超调量 M_p，峰值时间 t_p，调整时间 t_s。

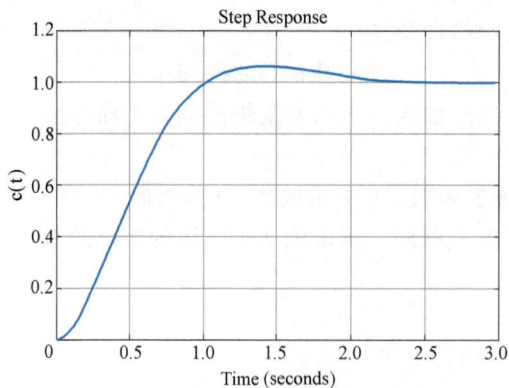

a)

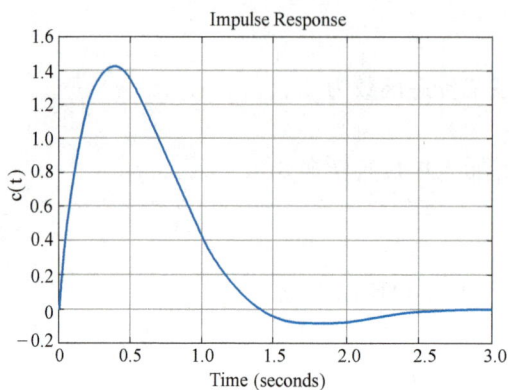

b)

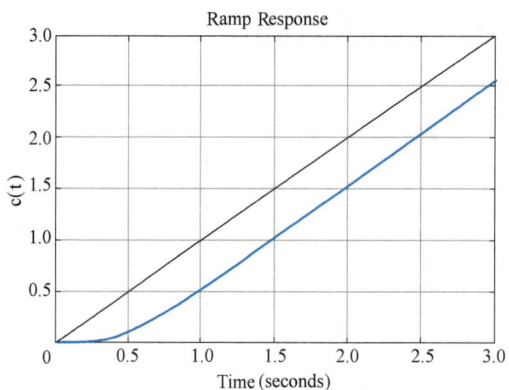

c)

图 8.2　例 8.8 系统的瞬态响应分析

a）系统单位阶跃响应　b）系统单位脉冲响应　c）系统单位斜坡响应

程序清单如下：

%．．．．．．．【例 8.9】MATLAB 程序．．．．．

t = 0:0.001:0.6;

num = [1000];

den = [1 36 1000];

%阶跃函数响应图

```
step(num,den)
[y,x,t]=step(num,den,t);
%求最大超调量
maxy=max(y);
yss=y(length(t));
pos=100*(maxy-yss)/yss;
disp(sprintf('Mp=%2.2f%%',pos))
%求峰值时间
for i=1:1:601
if y(i)==maxy,n=i;end
end
tp=(n-1)*0.001
%求调节时间
for i=1:1:601
if (y(i)>1.02 || y(i)<0.98),m=i;end
end
ts=(m+1-1)*0.001
```

运行结果为

Mp=11.36%

tp=

0.1210

ts=

0.1860

程序运行结果如图 8.3 所示。

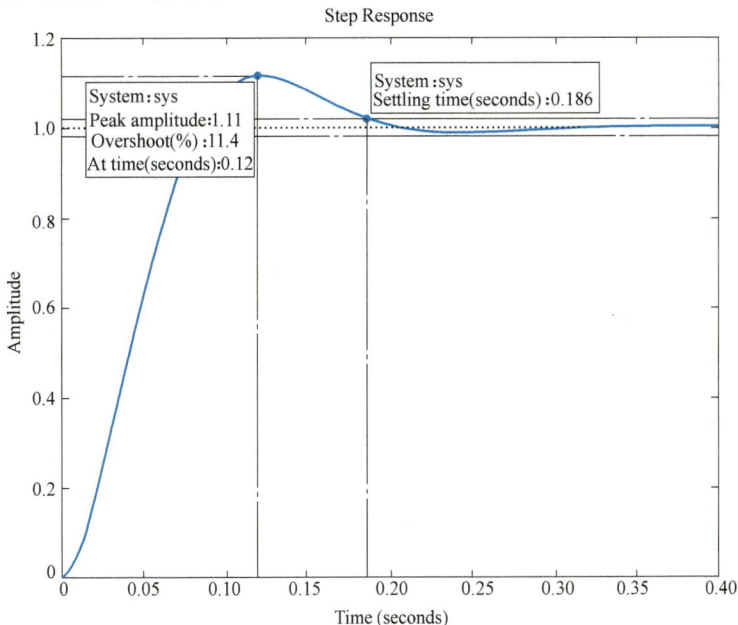

图 8.3 例 8.9 系统的单位阶跃响应曲线

8.4　MATLAB 在频域分析中的应用

8.4.1　MATLAB 绘制 Nyquist 图

在 MATLAB 中，绘制系统 Nyquist 图的命令为

$$Nyquist（num，den）$$

例 8.10　用 MATLAB 编写程序，绘制例 8.1 系统的 Nyquist 图。

程序清单如下：

```
%....... 例 8.10   MATLAB 程序....
%.................... 系统的 Nyquist 图............
%.................. 输入传递函数的分子和分母数组..........
num = [9];
den = [1 4 9];
%............... 输入绘制 Nyquist 图的命令..........
nyquist(num,den);
%............. 输入标题说明..........
title('G(s) = 9/(s^2+4s+9) 的 Nyquist 图')
```

程序运行结果如图 8.4 所示。

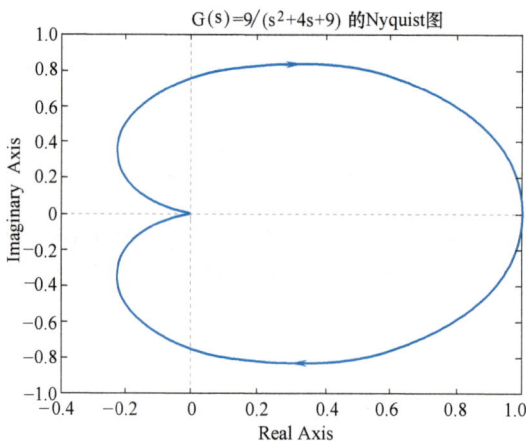

图 8.4　例 8.10 系统的 Nyquist 图

8.4.2　MATLAB 绘制 Bode 图

在 MATLAB 中，绘制系统 Bode 图的命令为

$$bode（num，den）\ 或\ bode（sys）$$

例 8.11　系统的传递函数为 $G(s) = \dfrac{K}{s(1+0.1s)(1+0.5s)}$，用 MATLAB 编写程序，绘制当 $K=5$，$K=30$ 时，系统的 Bode 图。

程序清单如下：

%........ 例 8.11 MATLAB 程序 ....

%.................... 系统的 Bode 图 ....

sys1 = zpk([ ],[0 -10 -2],100);　　　%建立模型 1,$K = 5$

sys2 = zpk([ ],[0 -10 -2],600);　　　%建立模型 2,$K = 30$

figure(1),bode(sys1)　　　　　　　%绘 Bode 图 1

title('System Bode Charts with K = 5'),grid

figure(2),bode(sys2)　　　　　　　%绘 Bode 图 2

title('System Bode Charts with K = 30'),grid

程序运行结果如图 8.5 所示。

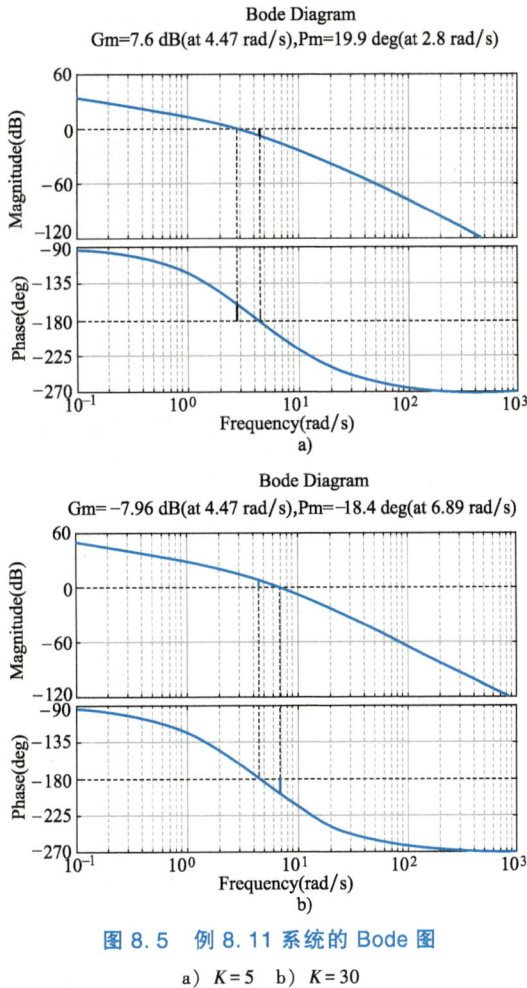

图 8.5　例 8.11 系统的 Bode 图

a) $K = 5$　b) $K = 30$

8.4.3　MATLAB 求系统的稳定裕度

在 MATLAB 中，利用 Bode 图绘制幅值裕度 K_g（dB）、相位裕度 γ、相位穿越频率 ω_g 和幅值穿越频率 ω_c 的命令为

$$margin（sys）$$

求 Nyquist 图中稳定裕度及穿越频率值的命令为

$$[Kg，Pm，Wcg，Wcp]=margin（sys）$$

式中，Kg 为 Nyquist 图中的幅值裕度；Pm 为相位裕度 γ（°）；Wcg 为相位穿越频率 ω_g（rad/s）；Wcp 为幅值穿越频率 ω_c（rad/s）。

例 8.12 用 MATLAB 编写程序，绘制并求解例 8.11 系统稳定裕度及穿越频率的值，根据结果判断闭环系统的稳定性。

程序清单如下：

```
%........ 例 8.12 MATLAB 程序 ....
sys1=zpk（[ ]，[0 -10 -2]，100）；        %建立模型 1
sys2=zpk（[ ]，[0 -10 -2]，600）；        %建立模型 2
figure（1），margin（sys1）               %绘制模型 1 稳定裕度图
figure（2），margin（sys2）               %绘制模型 2 稳定裕度图
[kg1，r1，wg1，wc1]=margin（sys1）        %求模型 1 稳定裕度值
[kg2，r2，wg2，wc2]=margin（sys2）        %求模型 2 稳定裕度值
```

运行结果为

kg1 =

    2.4000

r1 =

    19.9079

wg1 =

    4.4721

wc1 =

    2.7992

kg2 =

    0.4000

r2 =

    -18.3711

wg2 =

    4.4721

wc2 =

    6.8885

程序运行结果如图 8.6 所示，当 $K=5$ 时，由于 $\omega_c<\omega_g$，所以闭环系统稳定；而当 $K=30$ 时，$\omega_c>\omega_g$，所以闭环系统不稳定。

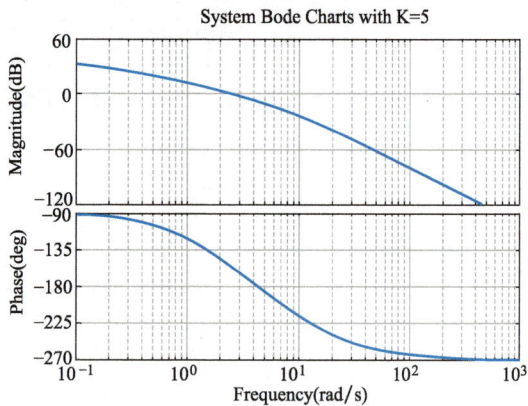

a)

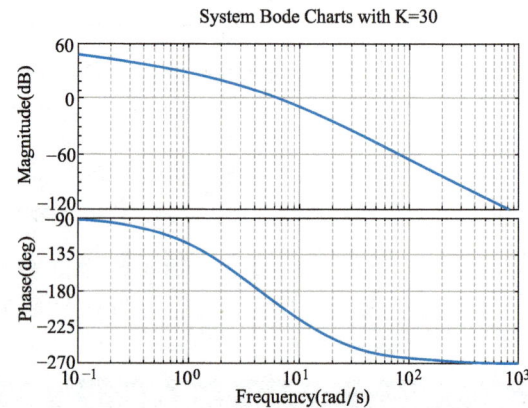

b)

图 8.6　例 8.12 系统稳定裕度图

a）$K=5$　b）$K=30$

8.5　SIMULINK 应用

MATLAB 集成有 SIMULINK 工具箱，SIMULINK 是一个用来对动态系统进行建模、仿真分析的软件包，它支持连续、离散及两者混合的线性和非线性系统，也支持具有多种采样速率的多速率系统。SIMULINK 为用户提供了用功能图进行建模的图形接口。

8.5.1　启动 SIMULINK

启动 SIMULINK 有两种方法，一种是直接在 Command 窗口工具栏上单击 Simulink 图标；另一种方法是在其命令窗口中键入 simulink，按回车键后，即可启动 SIMULINK 工具包。MATLAB2016a 版的 Simulink 如图 8.7 所示，包含有 17 个子模块库，常用的子模块库有 Continuous（线性连续系统）、Discrete（线性离散系统）、Sink（显示输出）、Math Operations（数学运算）、Source（输入源库）等，每个子模块库都包含有相应的标准模型，如图 8.8 所示。

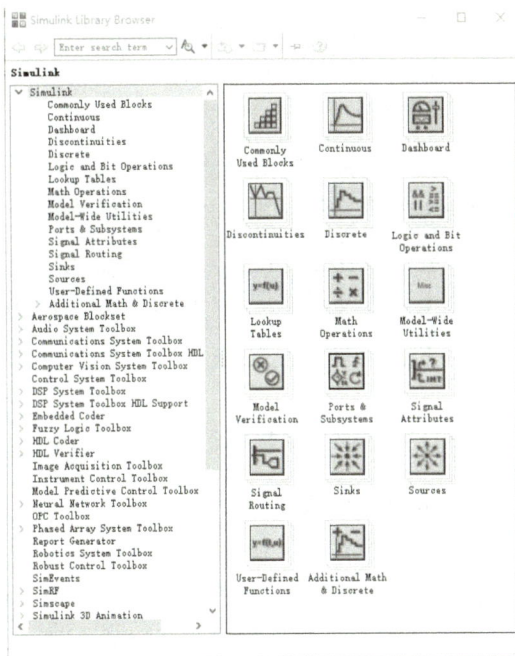

图 8.7　Simulink 工具库窗口

8.5.2　SIMULINK 创建系统模型

下面以 7.1 节带钢卷取电液位置伺服控制系统为例，说明用 SIMULINK 创建系统模型及仿真的过程。该系统的传递函数如图 8.9 所示。

1. 在 Simulink 窗口中，单击菜单栏中 File 菜单中的相应命令，创建一个新模型窗口，如图 8.10 所示

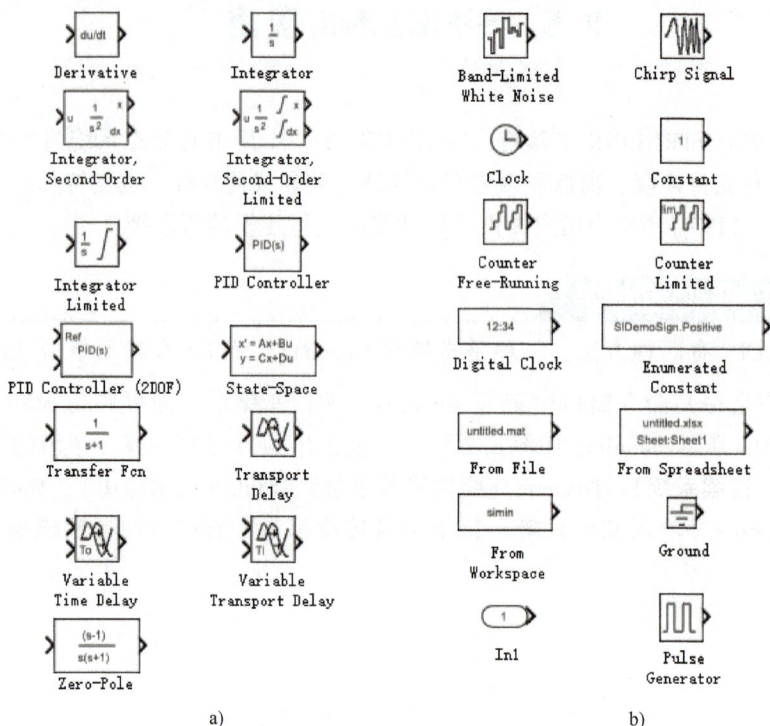

图 8.8　子模块库

a）Continuous（线性连续系统）　b）Source（输入源库）

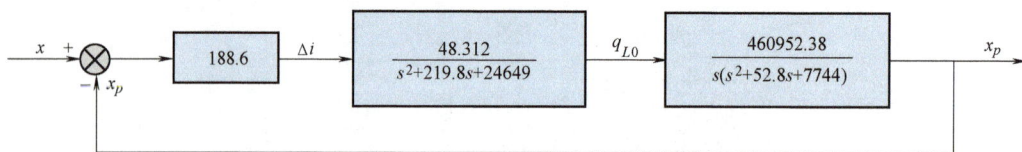

图 8.9　带钢卷取控制系统传递函数功能图

2. 在图 8.10 所示的窗口中放置系统模型中相应的模块

首先单击图 8.10 所示窗口中的 ▦▦ 图标，调用 Library Browser。从 Sources 模块库中选择 Step（阶跃信号）模块，并拖至图 8.10 所示的窗口中。再依次分别从 Sink 模块库中选择 Scope（示波器）模块，Continuous 模块库中选择两个 Transfer Fcn（传递函数）模块，Math Operation 模块库中选择 Sum（相加）模块和 Gain（增益）模块并拖入图 8.10 所示窗口中，完成后的结果如图 8.11 所示。

3. 设置模型中各模块的参数

（1）设置输入信号的参数　双击图 8.11 中所示的 Step 模块，弹出如图 8.12 所示的参数设置窗口。该窗口中有四个参数：

Step time：设置阶跃信号的阶跃时间，如图中该参数为 0，则信号在 $t = 0$ 时产生阶跃。

Initial value：设置初始值，如图中该参数为 0，则信号在 $t = 0$ 时幅值为 0。

Final value：设置终值，即阶跃信号的幅值，如图中该参数为 1，则此信号为单位阶跃

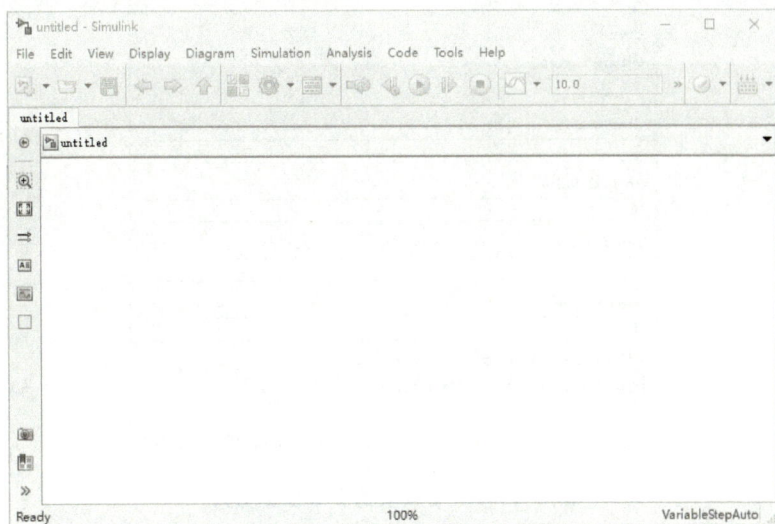

图 8.10　创建模型文件窗口

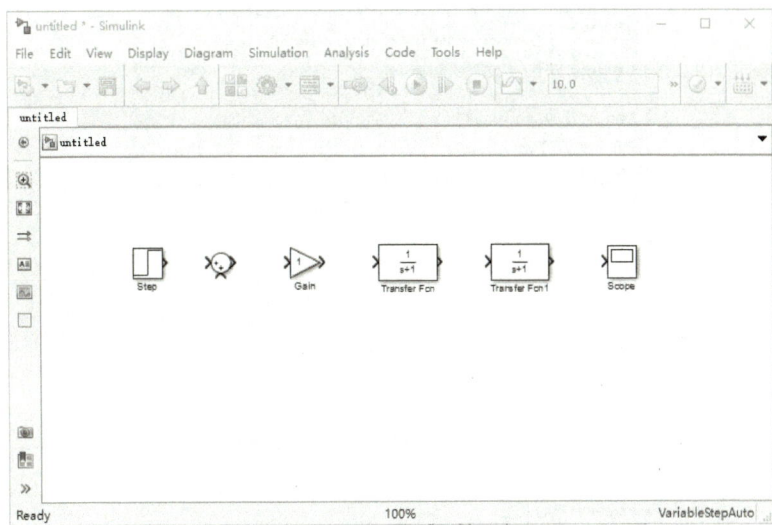

图 8.11　正在创建中的系统模型窗口

信号。

Sample time：设置采样时刻，如图中该参数为 0，则信号从 $t=0$ 时刻开始被采样。

（2）设置相加点 Sum 模块的参数　双击图 8.11 所示窗口中的 Sum 模块，弹出如图 8.13 所示的参数设置窗口。该窗口中的 List of signs 的文本输入框中前面设置了一个"+"号表示输入信号为正，其后面设置了一个"−"号表示反馈信号为负，即负反馈，若为正反馈，该符号改为"+"即可。

双击图 8.11 所示窗口中的 Gain 模块，弹出如图 8.14 所示的参数设置窗口。根据图 8.9 中系统的传递函数，在该窗口中的 Gain 的文本输入框中设置放大倍数为"188.6"。

（3）设置系统传递函数模块参数　双击图 8.11 所示窗口中的第一个 Transfer Fcn 模块，弹出如图 8.15 所示的参数设置窗口。

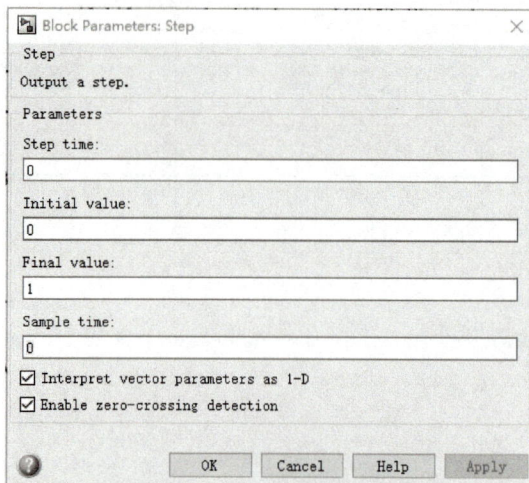

图 8.12　Step 模块的参数设置窗口

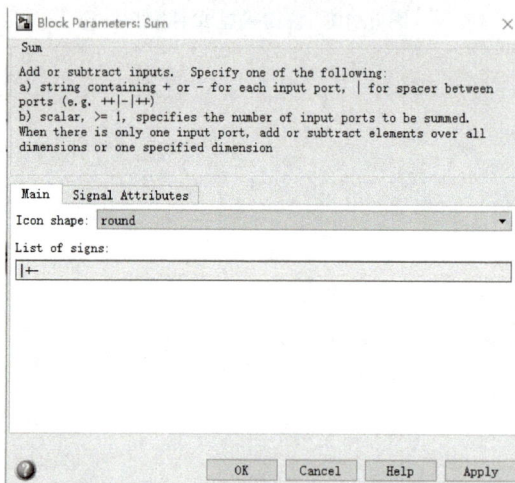

图 8.13　Sum 模块参数设置窗口

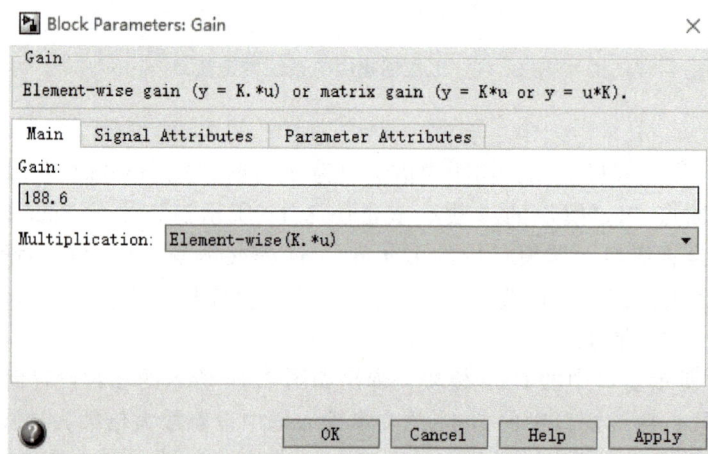

图 8.14　Gain 模块参数设置窗口

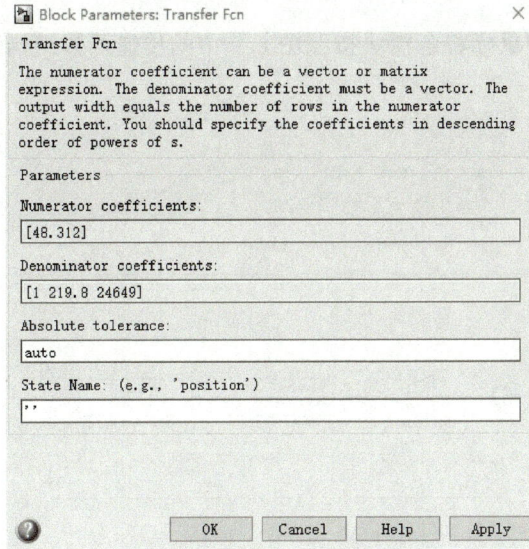

图 8.15　第一个 Transfer Fcn 模块参数设置窗口

　　Numerator coefficients：设置传递函数中分子的比例系数，根据图 8.9 中的系统传递函数，该参数设置为 "48.312"。

　　Denominator coefficients：设置传递函数中分母的系数，分母设置为 [1 219.8 24649]。

　　双击图 8.11 所示图中第二个 Transfer Fcn 模块，弹出如图 8.16 所示的参数设置窗口。

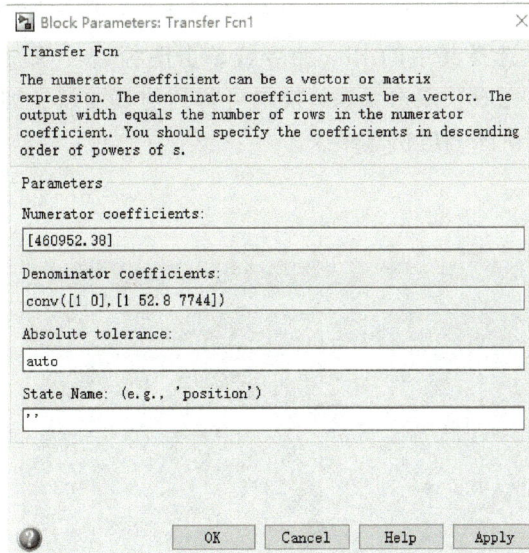

图 8.16　第二个 Transfer Fcn 模块参数设置窗口

　　Numerator coefficients：设置传递函数中分子的比例系数，根据图 8.9 中的系统传递函数，该参数设置为 "460952.38"。

　　Denominator coefficients：与第一个 Transfer Fcn 模块不同，分母为两个多项式相乘，采用 conv 函数形式，设置为 conv（[1 0]，[1 52.8 7744]）。

4. 模块连接

完成以上步骤后，用鼠标将各模块按照图 8.9 中的传递函数结构连接起来，创建好的系统模型如图 8.17 所示。

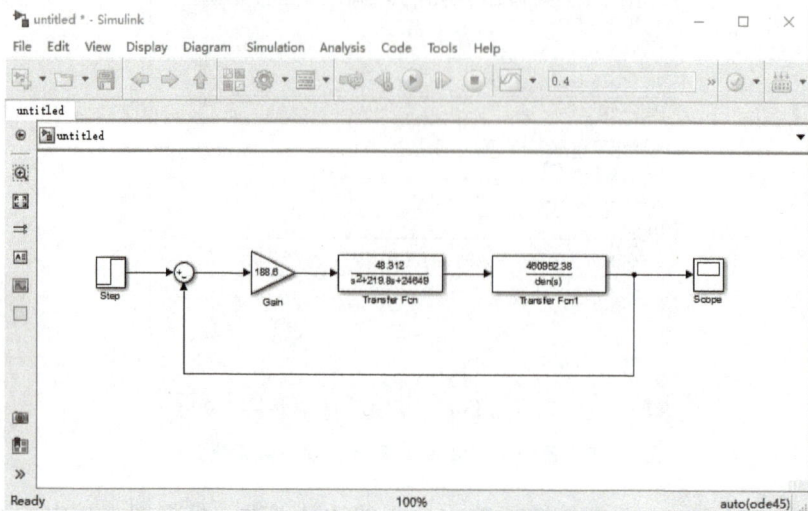

图 8.17 用 SIMULINK 创建的系统模型

8.5.3 SIMULINK 系统仿真

创建好模型后，可进行系统仿真。在图 8.17 的菜单中，选择 Simulation 项，设置仿真时间为 0.4s，单击该菜单，选择其中的 Run 命令或单击图标 ▶ ，即可开始仿真。如图 8.17 所示的系统模型，当仿真完成，双击 Scope 模块可得到仿真曲线，如图 8.18 所示，该图为带钢卷取控制系统的单位阶跃响应仿真结果。

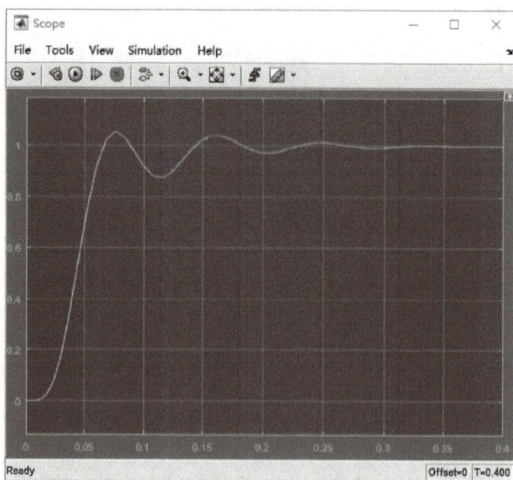

图 8.18 系统模型的阶跃响应仿真结果

仿真结果也可通过 plot 函数得到。SIMULINK 仿真完成后，在 Scope 示波器仿真结果中，选择 View 选项中的 Configuration Properties，如图 8.19 所示。在 Logging 选项卡中选择 Log data to workspace 复选按钮，即把波形信息存入 MATLAB 工作区中，并可以通过 Variable name 改变数据变量名，Save format 默认为 "Dataset"，对于一个在示波器中用多个坐标系显示波形的情况，可以将存储形式改为 "Structure With Time"。

单击 "OK" 按钮后再次执行仿真，进入 Workspace 工作区可查看新产生的变量，如图 8.20 所示。

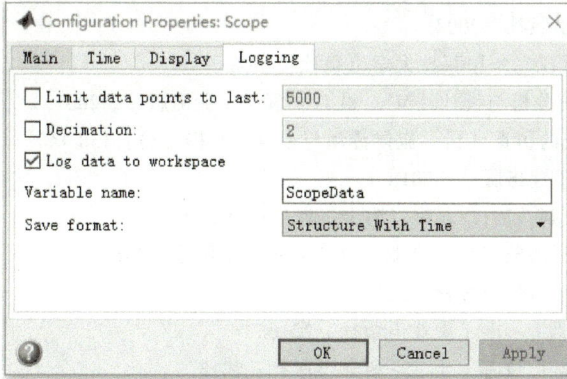

图 8.19　Configuration Properties 参数设置　　　　　图 8.20　工作区新增变量

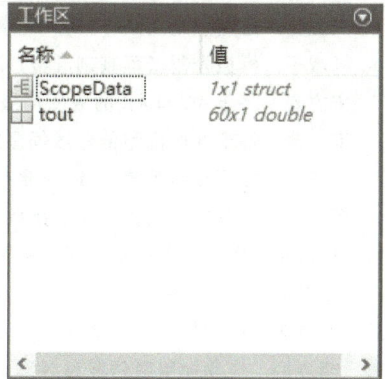

在命令窗口或新建 m 文件中输入以下程序，即可绘出系统的单位阶跃响应曲线，与图 7.4 相同。

程序清单如下：

```
%........ 例 8.13　MATLAB 程序 ....
time = ScopeData. time ;
amplitude = ScopeData. signals. values ;
plot( time , amplitude ,'r') ;
xlabel('Time( s)') , ylabel('Amplitude')
title('Step Response')
grid on
```

科学家精神

"两弹一星" 功勋科学家：
彭桓武

参 考 文 献

[1] 董玉红. 机械控制工程基础 [M]. 2版. 北京：机械工业出版社，2016.

[2] 李连进. 机械工程控制基础 [M]. 北京：机械工业出版社，2016.

[3] 王积伟. 控制工程基础 [M]. 2版. 北京：高等教育出版社，2011.

[4] 王显正. 控制理论基础 [M]. 北京：科学出版社，2007.

[5] 杨叔子. 机械控制工程基础 [M]. 5版. 武汉：华中科技大学出版社，2008.

[6] 宋志安. 基于MATLAB的液压伺服控制系统分析与设计 [M]. 北京：国防工业出版社，2007.

[7] 宋云清. 带钢卷取机跑偏电液伺服控制系统的仿真 [J]. 流体传动与控制，2010 (1)：138-140.

[8] 王春行. 液压控制系统 [M]. 北京：机械工业出版社，2018.

[9] 杨征瑞，花克勤，徐轶. 电液比例与伺服控制 [M]. 北京：冶金工业出版社，2012.

[10] 柳洪义，罗忠，宋伟刚，等. 机械工程控制基础 [M]. 2版. 北京：科学出版社，2013.

[11] 胡寿松. 自动控制原理 [M]. 6版. 北京：科学出版社，2013.

[12] 玄兆燕. 机械控制工程基础 [M]. 2版. 北京：电子工业出版社，2016.

[13] 胡寿松. 自动控制原理题海与考研指导 [M]. 2版. 北京：科学出版社，2013.

[14] 徐彤. 自动控制原理 [M]. 天津：天津科学技术出版社，1996.

[15] WANG Y Y，王珍，GUO L H. 直流电动机传递函数测定的实验研究 [J]. 实验技术与管理，2008，25 (8)：38-40.

[16] 刘白雁. 机电系统动态仿真——基于MATLAB/Simulink [M]. 北京：机械工业出版社，2011.

[17] 郑利霞. MATLAB/Simulink机电一体化应用 [M]. 北京：机械工业出版社，2012.

[18] 邱瑛，曲云霞. 控制工程基础 [M]. 3版. 北京：中国质检出版社，2017.

[19] 彭珍瑞，董海棠. 控制工程基础 [M]. 北京：高等教育出版社，2010.

[20] 董景新，赵长德，郭美凤，等. 控制工程基础 [M]. 3版. 北京：清华大学出版社，2009.

[21] 杜继宏，王诗宓. 控制工程基础 [M]. 北京：清华大学出版社，2008.

[22] 朱孝勇，傅海军，凌智勇，等. 控制工程基础 [M]. 北京：机械工业出版社，2018.

[23] 王海，裴九芳，陈玉，等. 控制工程基础 [M]. 合肥：中国科学技术大学出版社，2015.